U0236828

水利水电工程施工实用手册

疏浚与吹填工程施工

《水利水电工程施工实用手册》编委会　编

中国环境出版社

图书在版编目(CIP)数据

疏浚与吹填工程施工 /《水利水电工程施工实用手册》编委会编.
—北京:中国环境出版社, 2017.12
(水利水电工程施工实用手册)
ISBN 978-7-5111-3418-9

Ⅰ.①疏… Ⅱ.①水… Ⅲ.①河道整治—疏浚工程—工程施工—技术手册 ②河道整治—吹填土—工程施工—技术手册 Ⅳ.①TV851-62

中国版本图书馆 CIP 数据核字(2017)第 292863 号

出 版 人　武德凯
责任编辑　罗永席
责任校对　尹　芳
装帧设计　宋　瑞

出版发行　中国环境出版社
(100062 北京市东城区广渠门内大街 16 号)
网　　址:http://www.cesp.com.cn
电子邮箱:bjgl@cesp.com.cn
联系电话:010-67112765(编辑管理部)
010-67112739(建筑分社)
发行热线:010-67125803,010-67113405(传真)
印装质量热线:010-67113404
印　　刷　北京盛通印刷股份有限公司
经　　销　各地新华书店
版　　次　2017 年 12 月第 1 版
印　　次　2017 年 12 月第 1 次印刷
开　　本　787×1092　1/32
印　　张　4.625
字　　数　118 千字
定　　价　18.00 元

《水利水电工程施工实用手册》编委会

《疏浚与吹填工程施工》

主　　编：冷鹏主

副 主 编：范志强　王仕勇　伍卫东

参编人员：王　强　张利华　张继良　韩红亮

李　阳　张智飞　冯　宇　刘湘宁

罗武先

主　　审：胡晓红　郑敬云

前　言

水利水电工程施工虽然与一般的工民建、市政工程及其他土木工程施工有许多共同之处，但由于其施工条件较为复杂，工程规模较为庞大，施工技术要求高，因此又具有明显的复杂性、多样性、实践性、风险性和不连续性的特点。如何科学、规范地进行水利水电工程施工是一个不断实践和探索的过程。近20年来，我国水利水电建设事业有了突飞猛进的发展，一大批水利水电工程相继建成，取得了举世瞩目的成就，同时水利水电施工技术水平也得到极大的提高，很多方面已达到世界领先水平。对这些成熟的施工经验、技术成果进行总结，进而推广应用，是一项对企业、行业和全社会都有现实意义的任务。

为了满足水利水电工程施工一线工程技术人员和操作工人的业务需求，着眼提高其业务技术水平和操作技能，在中国水利工程协会指导下，湖北水总水利水电建设股份有限公司联合湖北水利水电职业技术学院、中国水电基础局有限公司、中国水电第三工程局有限公司制造安装分局、郑州水工机械有限公司、湖北正平水利水电工程质量检测公司、山东水总集团有限公司等十多家施工单位、大专院校和科研院所，共同组成《水利水电工程施工实用手册》丛书编委会，组织编写了《水利水电工程施工实用手册》丛书。本套丛书共计16册，参与编写的施工技术人员及专家达150余人，从2015年5月开始，历时两年多时间完成。

本套丛书以现场需要为目的，只讲做法和结论，突出“实用”二字，围绕“工程”做文章，让一线人员拿来就能学，学了就会用。为达到学以致用的目的，本丛书突出了两大特点：一是通俗易懂、注重实用，手册编写是有意把一些繁琐的原理分析去掉，直接将最实用的内容呈现在读者面前；二是专业独立、相互呼应，全套丛书共计16册，各册内容既相互关联，又相对独立，实际工作中可以根据工程和专业需要，选择一本或几本进行参考使用，为一线工程技术人员使用本手册提供最大的便利。

《水利水电工程施工实用手册》丛书涵盖以下内容：

1)工程识图与施工测量；2)建筑材料与检测；3)地基与基础处理工程施工；4)灌浆工程施工；5)混凝土防渗墙工程施工；6)土石方开挖工程施工；7)砌体工程施工；8)土石坝工程施工；9)混凝土面板堆石坝工程施工；10)堤防工程施工；11)疏浚与吹填工程施工；12)钢筋工程施工；13)模板工程施工；14)混凝土工程施工；15)金属结构制造与安装（上、下册）；16)机电设备安装。

在这套丛书编写和审稿过程中，我们遵循以下原则和要求对技术内容进行编写和审核：

1)各册的技术内容，要求符合现行国家或行业标准与技术规范。对于国内外先进施工技术，一般要经过国内工程实践证明实用可行，方可纳入。

2)以专业分类为纲，施工工序为目，各册、章、节格式基本保持一致，尽量做到简明化、数据化、表格化和图示化。对于技术内容，求对不求全，求准不求多，求实用不求系统，突出丛书的实用性。

3)为保持各册内容相对独立、完整，各册之间允许有部分内容重叠，但本册内应避免出现重复。

4)尽量反映近年来国内外水利水电施工领域的新技术、新工艺、新材料、新设备和科技创新成果，以便工程技术人员参考应用。

参加本套丛书编写的多为施工单位的一线工程技术人员，还有设计、科研单位和部分大专院校的专家、教授，参与审核的多为水利水电行业内有丰富施工经验的知名人士，全体参编人员和审核专家都付出了辛勤的劳动和智慧，在此一并表示感谢！在丛书的编写过程中，武汉大学水利水电学院的申明亮、朱传云教授，三峡大学水利与环境学院周宜红、赵春菊、孟永东教授，长江勘测规划设计研究院陈勇伦、李锋教授级高级工程师，黄河勘测规划设计有限公司孙胜利、李志明教授级高级工程师等，都对本书的编写提出了宝贵的意见，我们深表谢意！

中国水利工程协会组织并主持了本套丛书的审定工作，有关领导给予了大力支持，特邀专家们也都提出了修改意见和指导性建议，在此表示衷心感谢！

由于水利水电施工技术和工艺正在不断地进步和提高，而编写人员所收集、掌握的资料和专业技术水平毕竟有限，书中难免有很多不妥之处乃至错误，恳请广大的读者、专家和工程技术人员不吝指正，以便再版时增补订正。

让我们不忘初心，继续前行，携手共创水利水电工程建设事业美好明天！

《水利水电工程施工实用手册》编委会

2017年10月12日

目 录

第一章

概　　述

第一节　疏浚与吹填工程

一、疏浚与吹填工程的定义和内容

1. 疏浚工程

疏浚工程是利用挖泥机械设备进行水下开挖，达到行洪、通航、引水、排涝、清污及扩大蓄水容量、改善生态环境等目的的一种施工作业。其内容涉及以下方面：

(1) 挖深、拓宽、清理水道，以提高河道的行洪能力或改善河道的通航条件等河道或航道的治理；

(2) 开挖新的水道、港池、沟渠、跨河、过海管道沟槽；

(3) 开挖水工建筑物(码头、船闸、船坞、堤坝等)基槽或地基软弱土层的清除；

(4) 清除湖泊、水库、排灌沟渠内淤积的泥砂，扩大蓄水容量或改善行水条件；

(5) 清除水域内受污染底泥(环保疏浚)，改善生态环境。

2. 吹填工程

吹填工程是由疏浚土的处理发展而来的，是利用挖泥机械设备自水下开挖取土，通过泥泵、排泥管线和船舶输送方式输送以达到填筑坑塘、加高地面或加固、加高堤防等目的的一种施工作业。

吹填工程的内容有填塘固基、淤临淤背、堵口复堤、整治险工、加固堤防、农田改良、建设造地、备料及积肥等。

二、疏浚与吹填工程的分类

1. 疏浚与吹填工程分类(见表 1-1)

表 1-1 疏浚与吹填工程分类

名称	分类	含义
疏浚工程	基建性	新建、扩建、改建性质的疏浚:新辟水道、港口、码头或提高防洪标准、航道等级
	维护性	经常性或周期性的疏浚:保持或恢复某一水域原有的尺寸
	临时性	临时性质的疏浚:清除突发性某一水域的淤塞而提高防洪标准、航道等级或新辟水道、港口、码头
	环保性	环保性质的疏浚:清除湖泊、河道内沉积的污物以及受污染的底泥、达到减轻水质污染、改善生态环境的目的
吹填工程	基建性	为建设造地、加固修复堤防、建筑物边侧回填等目的而进行的吹填,这类工程对吹填土的质量、吹填区的高程及平整度都有明确和较高的要求
	弃土性	以充分利用疏浚弃土,提高工程的综合效益为目的,将疏浚土吹填到一些荒废的山涧、洼地、沼泽,从而使这些土地得到充分利用,对吹填质量要求不高

2. 疏浚与吹填工程规模划分(见表 1-2)

表 1-2 疏浚与吹填工程规模划分 (单位:万 m^3)

工程类型		工程规模		
		大	中	小
基建及维护性疏浚工程	泥土、砂	≥200	50~200	≤50
	岩石	≥20	5~20	≤5
环保疏浚工程		≥50	20~50	≤20
吹填工程		≥200	50~200	≤50

第二节 疏浚与吹填工程施工的基本程序

疏浚与吹填工程施工的基本程序见图 1-1。

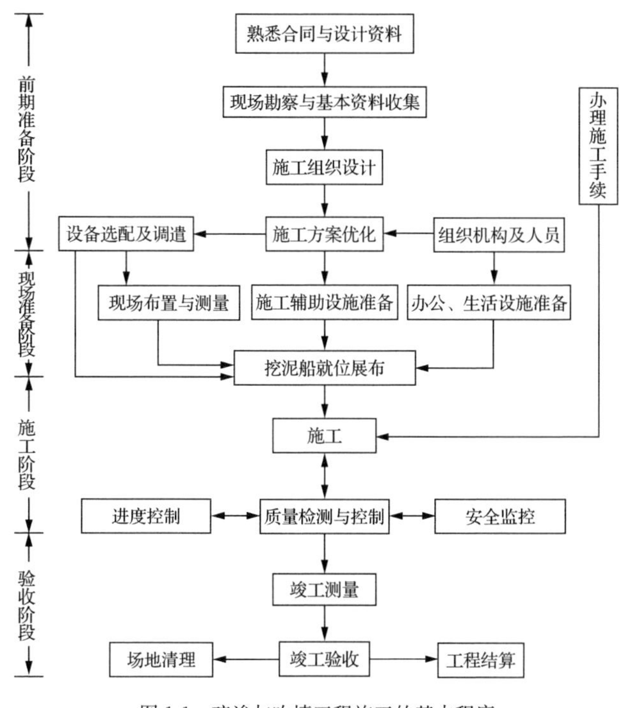

图 1-1　疏浚与吹填工程施工的基本程序

第三节　设备分类与选型

一、设备分类与介绍

1. 设备分类

疏浚与吹填主要施工设备是挖泥船，辅助设备有拖轮、起锚艇、交通船、生活船、油驳等。泥浆泵清淤设备也是一种疏浚与吹填施工设备，主要用于淤泥的疏浚与吹填的施工。挖泥船的主要分类见图 1-2。

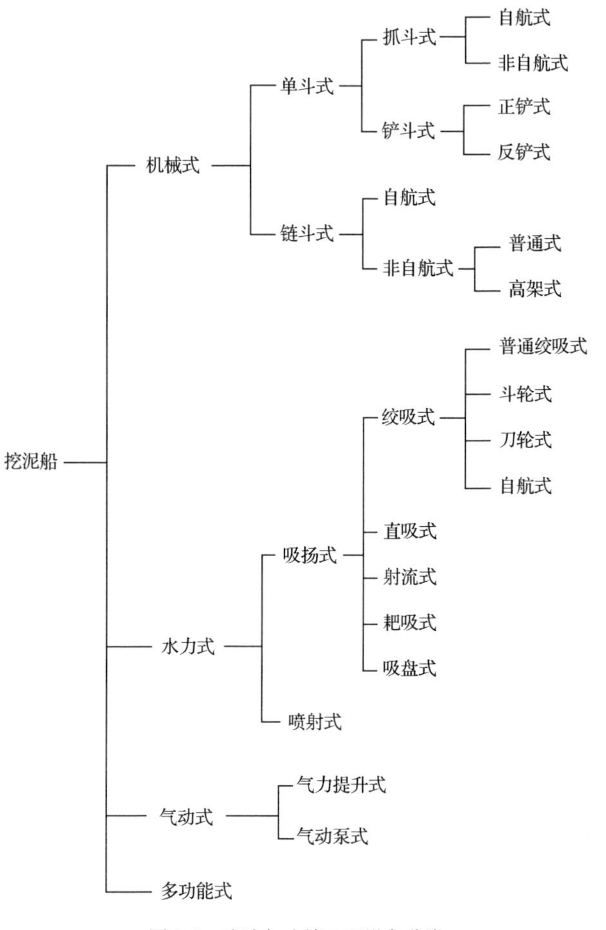

图 1-2　疏浚与吹填工程设备分类

2. 水利水电工程典型疏浚设备介绍

(1) 普通绞吸式挖泥船。普通绞吸式挖泥船将挖泥、输泥、吹泥等作业一次完成。还具有下列基本特点：

1) 挖掘能力强，适用于各类土质的疏浚与吹填；

2) 疏浚和吹填作业需配置管线；

3) 施工作业中锚缆和管线对航行船舶影响较大。

普通绞吸式挖泥船的总布置如图1-3所示。其主要疏浚构件有：

1）绞刀。安装在桥架的前端，利用绞刀的旋转来切削疏浚土。绞刀分为冠形绞刀和锥形绞刀两种，应根据疏浚土的类别和密实度进行选择。

2）桥架。用于安装绞刀及驱动系统，平衡和传递挖掘反作用力；

3）泥泵。具有吸泥和排泥的功能；

4）钢桩。用于施工过程中的前移和定位；

5）横移系统。用于施工作业中的左、右横移；

6）吸排泥管。用于疏浚土的输送。

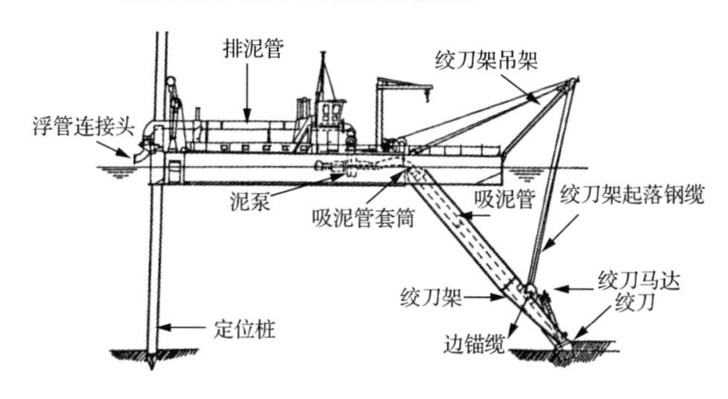

图1-3　普通绞吸式挖泥船

普通绞吸式挖泥船的施工方法：绞吸式挖泥船采用横挖法施工，分条、分段、分层、顺流、逆流挖泥，利用一根钢桩或主（尾）锚为摆动中心，左、右边锚配合控制横移和前移挖泥。按其采用定位方式不同，可分为对称钢桩横挖法、定位台车横挖法、三缆定位横挖法、锚缆定位横挖法等，应根据不同的工况条件选择不同的施工方法。

（2）链斗式挖泥船。链斗式挖泥船利用安装在斗桥上一系列旋转泥斗挖掘机，进行挖泥装驳。链斗式挖泥船的主要疏浚构件有斗桥、泥斗、斗链等，总体布置如图1-4所示。链斗式挖泥船具有挖槽底部平整、边线顺直、施工质量好等特点。

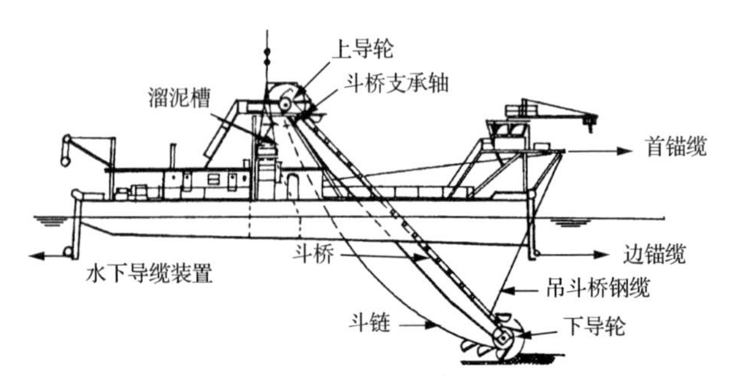

图 1-4 链斗式挖泥船

链斗式挖泥船采用锚泊定位施工，船位顺流布置，船舶抛设首锚一只、尾锚一只、首左右边锚各一只、尾左右边锚各一只。施工通常采用斜向横挖法，特殊工况条件也可采用扇形横挖、十字形横挖、平行横挖等工艺。

(3) 斗轮式挖泥船。斗轮式挖泥船是 20 世纪 70 年代末出现的新型挖泥船，其结构和工作方式与普通绞吸式挖泥船相似，不同点是用斗轮代替了绞刀。斗轮式挖泥船既有链斗式挖泥船开挖能力强、泥土泄漏少和挖槽平整的优点，又有普通绞吸式挖泥船采用水力管道输送，挖、运、卸连续系列生产和生产成本低的优点。

斗轮式挖泥船的主要特点：

1) 左、右横移施工能均匀挖掘泥砂；

2) 挖掘残留量较少，平整度较好；

3) 对黏土性挖掘效果较好；

4) 斗轮重量较大，结构较为复杂；

5) 不适合淤泥及岩石类土质。

中小型斗轮式挖泥船具有可拆卸的形式，适合由公路运输到不接近水域的内陆地区进行施工，这是可拆卸斗轮式挖泥船的最大优点，其整体布置如图 1-5 所示。

(4) 抓斗式挖泥船。抓斗式挖泥船利用安装在船体上的起重机的抓斗挖泥，具有下列基本特点：

1) 挖掘能力强，适用于除流动性淤土外的各种土质；

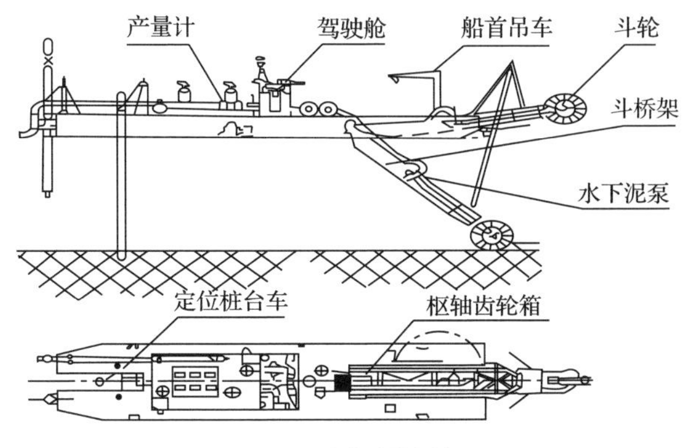

图 1-5　斗轮式挖泥船

2）挖泥作业时需配置相应的泥驳；

3）施工作业采用锚缆定位时，对航行船舶影响较大；

4）挖深大。

抓斗式挖泥船的主要疏浚构件有：抓斗、起重机、定位锚或钢桩。其总体布置图如图 1-6 所示。

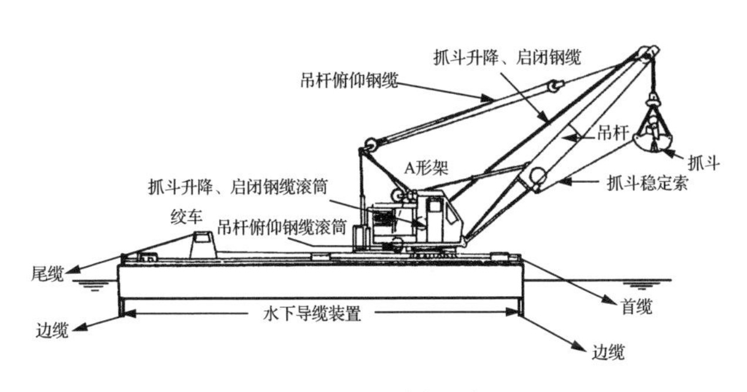

图 1-6　抓斗式挖泥船

抓斗式挖泥船一般采用锚缆定位施工，船位顺流布设。船首设左、右边锚各一只，船尾设交叉八字锚一只。施工采用分条进行，每条挖宽为船舶宽度，开挖时按顺序排斗。在船宽范围内全部挖遍后，绞首缆机、松尾缆机船舶前移，船舶前移距离根据抓斗式挖泥船斗谷大小及挖掘量定,依次反复。

(5) 铲斗式挖泥船。铲斗式挖泥船通常是利用安装在钢质箱形浮体上的一台旋转铲斗挖掘机,进行挖泥装驳的机械式挖泥船,按铲斗的方向分为正铲、反铲挖泥船。其基本特点如下:

1) 挖掘能力强,适用于除流动性淤泥外各种土质的挖掘;

2) 挖掘作业时需配置相应的泥驳;

3) 施工作业采用钢桩定位,占用水域小;

4) 施工精度高;

5) 挖深受限制。

铲斗式挖泥船的疏浚构件主要有:铲斗、铲斗机和定位钢桩等,其整体布置如图 1-7 所示。

铲斗式挖泥施工进点定位时,先放一前钢桩大致定位,再用铲斗与前、后钢桩调整船位。作业时,对坚硬土质采取推压和提升铲斗同步挖掘法;对软质土及质量要求较高的工程采用推压制动、提升铲斗挖掘法。在挖掘坚硬的土质时,采用隔斗挖泥法。当开挖泥层厚度过厚时,应分层进行开挖,分层的厚度由斗高和土质决定。

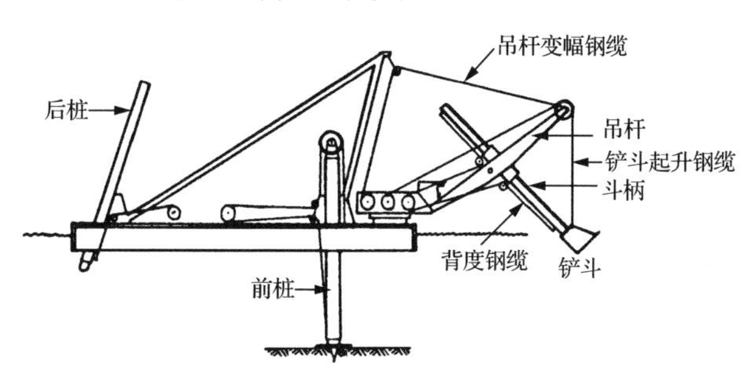

图 1-7　铲斗式挖泥船

(6) 泥浆泵清淤设备。泥浆泵疏浚河道使用的设备是泥浆泵机组,泥浆泵机组包括:泥浆泵、高压清水泵、动力机、管路系统、控制系统等。泥浆泵机组的工作原理是:先利用高压清水泵将水加压,再通过皮管、喷枪(喷枪由操作人员控制)将高压水枪冲向河中淤泥,使淤泥稀释成浆状流体并流向泥浆泵,然后在泥浆泵作用下,浆状流体通过皮管被输送到指定位置,从而达到疏浚河道、清除淤泥的目的。

二、设备选型

1. 设备选择原则

(1) 适应现场条件,满足工程实施需要,配备方案合理。

(2) 满足工程进度、质量、安全和环保要求。

(3) 能充分发挥设备的性能与特点,高效、实用、经济。

(4) 设备配备和调遣应可行、方便、经济。

(5) 能综合利用泥土资源,有利于保护生态与自然环境。

(6) 疏浚和淤泥的处理衔接应紧密,效率应匹配。

2. 设备选型考虑的因素

(1) 施工作业区的地理位置、地形、地貌、水文、气象、工程地质等自然条件。如使用泥浆泵清淤设备还需考虑施工区交通和供电条件。

(2) 疏浚或吹填工程类型、规模及开挖深度、宽度、边坡、挖掘精度、输送距离、排高、吹填区容量与形状、泥土处理要求等设计要求。

(3) 疏浚土含水率、疏浚土颗粒粒径、有机物含量、疏浚土处理路径、疏浚土污染情况。

(4) 拟选设备的性能、适用性和利用率等基本参数,环保清淤工程应选用配套环保机具施工。

(5) 船舶、设备调遣方式及其及其可行性。

(6) 合同工程量、工期、质量标准等。

(7) 施工作业区的环境保护要求。

(8) 工程费用、成本、价格等综合经济指标。

3. 设备选择方法

(1) 按挖泥船性能及适用性选择。常用挖泥船的主要尺寸及技术参数见表 1-3。

表 1-3　　　　常用挖泥船主要尺寸及技术参数

类型		总功率/kW	重载吃水/m	最大挖深/m	主要尺寸			铭牌产量/(m^3/h)	备注
					总长/m	型宽/m	型深/m		
普通绞吸式	B425	313	0.88	6	15.75	4.05	1.3		荷兰 IHC 公司制造
	B600	440	1.1	8	20.1	5.75	1.51		
	B1200	821	1.25	10	26.3	6.69	1.87		
	B1600	1175	1.5	14	33.3	7.95	2.46		
	B2400	1765	1.7	14	37.5	8.6	2.75		
	B3800	2810	2.05	16/18	44.5/48.5	10.32	2.97	1450	
	B4600A	3400	1.85	16	61	15.22	2.85	1720	
	B4600B	3400	1.85	16	48.5	15.22	2.85	1720	
	CSD250	254	0.9	6	19	4.20	1.50		荷兰达门造船集团制造
	CSD350	447	0.8	9	26	6.00	1.50		
	CSD450	938	1.15	12	33.15	6.95	1.8		
	CSD500	1293	1.00	14	38.50	7.95	2.00		
	CSD650	2972	1.40	18	60.00	9.50	2.50		
斗轮绞吸式	B750W	648	1.25	10	32.4	7.47	1.8		荷兰 IHC 公司制造
	B4010W	745	1.55	10	35.4	8.23	2.44		
	B4514W	1115	1.5	14	42.7	9.5	2.46		
	B5014W	1437	1.8	14	44.5	10.64	2.75		
	B5516W	1795	1.9	16	50.4	10.64	2.75		
	B6016W	2602	2.1	16	53.1	12.44	2.97		
	B6518W	3148	2.1	18	59	13	2.97		
链斗式	60		1.1	4.5	17	5			
	150		1.0～1.4	7	21～28	6.5～8.5			
	350		1.3	16	56	11.4			
	500		2.4～2.8	16	50～60	12			
	750		3.1～3.4	20	74～80	14			

续表

类型		总功率 /kW	重载吃水 /m	最大挖深 /m	主要尺寸			铭牌产量 /(m^3/h)	备注
					总长 /m	型宽 /m	型深 /m		
抓斗式	0.75		1	5.5	22	6.8			
	1		1	15	22.9	7.8			
		114	1.15	7～9	29.4	8.5			
	1.5	299	1.3	8	34	10			
			1.3	22	26	8			
	2		1.5	20	33.4	10.8			
	4		1.8	30	36～37	14			
	8		1.5～2.2	40～50	35～40	16			
	13		2.6	50	45.4	19.2			
铲斗式	0.25		0.6	3	11	4.3			
	0.75		1.4	4.5	23	4.5			
	4		2.6	15	44	15			

(2) 按照挖泥船对水文、气象条件的适应性选择挖泥船：

1)可作业时间及安全性应根据挖泥船的抗风浪能力，结合现场资料分析确定。

2)多雾季节应选择装有雷达和良好导航和通信设备的挖泥船。

3)各类挖泥船对自然条件的适应能力应根据船舶性能确定，也可参照表 1-4 中的数值确定。

表 1-4　　挖泥船对自然条件的适应情况

船舶类型		风/级		浪高 /m	流速 /(m/s)	雾(雪) /级
		内河	沿海			
绞吸式 斗轮式	500m^3/h 以上	6	5	0.6	1.6	2
	200～500m^3/h	5	4	0.4	1.5	2
	200m^3/h	5	不适合	0.4	1.2	2

续表

船舶类型		风/级		浪高/m	流速/(m/s)	雾(雪)/级
		内河	沿海			
链斗式	750m³/h	6	6	1.0	2.5	2
	750m³/h以下	5	不适合	0.8	1.8	2
铲斗式	斗容4m³以上	6	5	0.6	2.0	2
	斗容4m³及以下	6	5	0.6	1.5	2
抓斗式	斗容4m³以上	6	5	0.6～1.0	2.0	2
	斗容4m³及以下	5	5	0.4～0.8	1.5	2
拖轮拖带泥驳	294kW以上	6	5～6	0.8	1.5	3
	294kW及以下	6	不适合	0.8	1.3	3

(3) 按照疏浚土的可挖性选择挖泥船：

1) 疏浚土的开挖难易程度可按松开土体或破坏其内聚力的角度进行分析。

2) 淤泥类土质宜选用绞吸式挖泥船进行挖掘和输送，也可使用斗式挖泥船进行挖掘。

3) 砂土类可使用各种挖泥船进行挖掘。挖掘密实砂土时，绞吸式挖泥船宜使用可换齿的绞刀，抓斗式挖泥船宜使用重型或中型泥斗，铲斗式挖泥船宜使用小容量泥斗。

4) 黏性土可使用各种挖泥船进行挖掘。挖掘硬黏性土时，绞吸式挖泥船宜使用可换齿的绞刀，抓斗式挖泥船宜使用重型或中型泥斗，铲斗式挖泥船宜使用小容量泥斗。

5) 碎石类土宜选用抓斗式挖泥船或铲斗式挖泥船进行挖掘。也可使用大、中型绞吸式挖泥船进行挖掘。挖掘时，抓斗式挖泥船应使用重型抓斗，绞吸式挖泥船应使用可换齿的锥形绞刀。

6) 疏浚土的可挖性应根据挖泥船的设计性能及船舶状况等综合分析确定。也可参照表1-5确定。

(4) 按挖泥船时间利用率进行选择挖泥船：

1) 挖泥船施工的客观影响时间应包括风、浪、雾、水流、冰凌与潮汐等自然因素以及施工干扰等客观因素对挖泥船

表 1-5 挖泥船对不同土质的适应性

疏浚土			绞吸式/HP					链斗式/(m^3/h)		抓斗式 /m^3		铲斗式/m^3	
			普通			斗轮							
分类	符号	土名及状态	≥4600	1200～4600	≤1200	＞1200	≤1200	≥750	＜750	≥4	＜4	≥4	＜4
细粒	CL	低液限黏土	宜	宜	宜	可	可	尚可	尚可	尚可	尚可	尚可	尚可
	ML	低液限粉土	宜	宜	宜	宜	宜	宜	宜	宜	宜	宜	宜
	MH	高液限粉土	尚可	勉强	困难	尚可	勉强	尚可	尚可	尚可	勉强	可	尚可
	CH	高液限黏土	困难	不适合	不适合	勉强	困难	勉强	勉强	尚可	勉强	勉强	勉强
砂	SM	粉土质砂	宜	宜	宜	宜	宜	宜	宜	宜	宜	宜	宜
	SF SC	含细粒土砂 黏土质砂	可	尚可	勉强	可	尚可	可	可	可	可	可	可
	SP	级配不良砂	尚可	勉强	困难	尚可	尚可	可	可	可	可	可	可
	SW	级配良好砂	困难	不适合	不适合	困难	困难	尚可	尚可	尚可	勉强	尚可	尚可

续表

疏浚土			绞吸式/HP					链斗式/(m^3/h)		抓斗式 /m^3		铲斗式/m^3	
			普通			斗轮							
分类	符号	土名及状态	≥4600	1200～4600	≤1200	>1200	≤1200	≥750	<750	≥4	<4	≥4	<4
砾	GP GC GM	级配不良砾 黏土质砾 粉土质砾	困难	不适合	不适合	困难	困难	可	可	尚可	尚可	可	尚可
	GW GF	级配良好砾 含细粒土砾	困难	不适合	不适合	困难	不适合	尚可	勉强	勉强	勉强	尚可	尚可
巨粒	BSI CbSI	混合土漂石 混合土卵石	困难	不适合	不适合	不适合	不适合	尚可	勉强	尚可	尚可	勉强	勉强
	SIB SICb	漂石混合土 卵石混合土											
	B Cb	漂石(块石) 卵石(碎石)	不适合	不适合	不适合	不适合	不适合	勉强	勉强	尚可	勉强	勉强	勉强

注：1 马力(HP)＝735.499W。

施工的影响。具体分统计计算时,应根据表1-4挖泥船对自然环境的适应情况,对施工地点不小于近3年的有关统计资料进行分析计算取其平均值,并参照历史上类似工程的统计资料进行分析。

2）挖泥船时间利用率可根据调查分析的客观影响时间按表1-6确定。

表1-6　　挖泥船客观影响时间与时间利用率关系

绞吸式挖泥船			抓、铲斗挖泥船		
客观影响时间百分率	时间利用率	台班利用小时/h	客观影响时间百分率	时间利用率	台班利用小时/h
≤5%	70%	5.6	≤10%	60%	4.8
>5% ≤10%	65%	5.2	>10% ≤15%	55%	4.4
>10% ≤15%	60%	4.8	>15% ≤20%	50%	4
>15% ≤20%	55%	4.4	>20% ≤25%	45%	3.6
>20% ≤25%	50%	4	>25% ≤30%	40%	3.2
>25% ≤30%	45%	3.6	>35% ≤40%	35%	2.8
>30% ≤35%	40%	3.2	>40% ≤45%	30%	2.4

第四节　土质特性分析

一、疏浚土的工程特性及分级

1. 疏浚土的工程特性

疏浚土的工程特性直接影响疏浚机具的挖掘、提升、输送及泥土处等施工环节的难易程度,是投标报价以及选择挖泥设备的重要依据。疏浚土的工程特性以疏浚土的工程特性指标来判定。

(1) 液性指数 I_L 和锥体沉入土中深度 h(mm)。液性指数 I_L 是判断黏土和粉质黏土的软硬状态、表示天然含水率与界限含水率相对关系的指标。

对于黏土和粉质黏土,液限指其从可塑状态变到流动状态的界限含水量。通过现场实验,对黏土和粉质黏土液限测量时锥体沉入土中深度 h 的观察,可以判断其含水量是否超过了其液限($h=10$mm 的含水量):当 $h>10$mm 时,说明其含水量超过了其液限,处于流动状态;当 $h<10$mm 时,说明其含水量小于其液限,可根据 h 的大小判断黏土和粉质黏土的状态。表 1-7 列出土的状态与液性指数 I_L 和锥体沉入土中深度的关系,以供参考。

表 1-7　　黏土和粉质黏土的液性指数

液性指数 I_L	$I_L \leqslant 0$	$0<I_L \leqslant 0.25$	$0.25<I_L \leqslant 0.75$	$0.75<I_L \leqslant 1$	$I_L>1$
锥体沉入土中深度 h/mm	<2	2~3	3~7	7~10	>10
土的状态	坚硬	硬塑	可塑	软塑	流动

(2) 相对密度 D_r 和贯入击数 $N_{63.5}$:

1) 相对密度 D_r 用来衡量无黏性土(砂)的松紧程度。D_r 值与砂的松紧程度关系见表 1-8。

表 1-8　　砂的相对密度 D_r

相对密度 D_r	$0<D_r \leqslant 0.33$	$0.33<D_r \leqslant 0.67$	$0.67<D_r \leqslant 1$
砂的松紧程度	疏松	中密	密实

2) 贯入击数 $N_{63.5}$ 是用现场实验的方法来判断黏性土和砂的密实程度。表 1-9 反映了贯入击数 $N_{63.5}$ 的大小与黏性土和砂密实度之间的关系。

表 1-9　　黏性土和砂的贯入击数 $N_{63.5}$

贯入击数 $N_{63.5}$	$\leqslant 10$	10~15	15~30	30~50
黏性土和砂的密实度	松散	稍密	中密	紧密

(3) 饱和密度 P_f。饱和密度 P_f 是指疏浚土间隙充满水时的密度。常和液性指数 I_L、贯入击数 $N_{63.5}$、相对密度 D_r、锥体沉入土中深度 h 一起综合判断疏浚土的工程级别。贯入击数 $N_{63.5}$ 和液性指数 I_L 是判断疏浚土工程级别的主要指标。

2. 疏浚土的分级及野外鉴别

(1) 疏浚土的分级。疏浚土按照其工程特征指标分为 11 个级别，如表 1-10 所示。

表 1-10　　疏浚土的分级

级别	符号	土的分类定名	液性指数 I_L	锥体沉入土中深度 h/mm	贯入击数 $N_{63.5}$	相对密度 D_r	饱和密度 P_f/(g/cm^3)
1	CHO MHO	有机质高液限黏土 有机质高液限粉土	≥1.50 1.50～1.0	>10	0 ≤2	—	≤1.55 1.55～1.70
2	CLO MLO	有机质低液限黏土 有机质低液限粉土	1.00～0.75	7～10	≤4	—	1.80
3	CH CL MH ML	高液限黏土 低液限黏土 高液限粉土 低液限粉土	0.75～0.25	3～7	5～8	—	>1.80
	SM SC	粉土质砂 黏土质砂	—	—	≤4	$0<D_r\leqslant 0.33$	1.9
4	CH CL MH ML	高液限黏土 低液限黏土 高液限粉土 低液限粉土	0.25～0	2～3	9～14	—	1.85～1.90
	SM SC SW	粉土质砂 黏土质砂 级配良好砂	—	—	5～10	$0.33<D_r\leqslant 0.67$	1.90

续表

级别	符号	土的分类定名	液性指数 I_L	锥体沉入土中深度 h/mm	贯入击数 $N_{63.5}$	相对密度 D_r	饱和密度 P_f/(g/cm^3)
5	CH	高液限黏土	0.25～0	2～3	9～14	—	1.85～1.90
5	SM SC SF SW	粉土质砂 黏土质砂 含细粒土砂 级配良好砂	—	—	10～30	$0.67<D_r\leqslant 1$	2.00
6	CL	低液限黏土	<0	<2	15～30	—	1.90～2.00
6	SF SP	含细粒土砂 级配不良砂	—	—	15～30	$0.67<D_r\leqslant 1$	2.00
7	CH	高液限黏土	<0	<0	15～30	—	1.90～2.00
7	SM SC SP	粉土质砂 黏土质砂 级配不良砂	—	—	15～30	$0.67<D_r\leqslant 1$	2.05
8	SM SC SP GM GC	粉土质砂 黏土质砂 级配不良砂 粉土质砾 黏土质砾	—	—	30～50	$0.67<D_r\leqslant 1$	>2.05
9	GF GP	含细粒土砾 级配不良砾	—	—	15～30	—	>2.05
10	GW	级配良好砾	—	—	30～50	—	>2.05
11	SICb SIB CbSI BSI Cb B	卵石混合土 漂石混合土 混合土卵石 混合土漂石 卵石(碎石) 漂石(块石)	—	—	30～50	—	>2.05

(2) 疏浚土的野外鉴别。疏浚土的野外鉴别主要借助一些简易工具,通过观察和手的触摸、捏搓来进行。疏浚土的野外鉴别法是一种比较粗略的分类方法,适用于尚未取得详细地质勘探资料时对疏浚土类的现场定性分类,具体分类参见表 1-11。

表 1-11　　疏浚土的野外鉴别与描述

疏浚土类别	土名	描述及鉴别方法				说明
有机质土及泥炭	有机质土及泥炭	黑色或褐色、有臭味、手摸有弹性及海绵感,泥炭结构松散、土质极轻、暗无光泽				—
淤泥土类	浮泥	似粥状或糊状、呈流动性、手感黏糊				
	流泥					
	淤泥	土质柔软、手感细腻				
	淤泥质土	土质呈流塑至软塑状				
粘性土类	—	1. 刀切反应	2. 手感	3. 摇振反应	4. 韧性	粉土、黏土须描写颜色、状态、湿度、包含物等
	黏土	刀切面细腻光滑	有细腻感、黏附性较大	摇晃无水分出现	有韧性、可二次搓条	
	粉质黏土	刀切面光滑、光泽差	稍有滑腻感、黏性中等	摇晃出水、消失较慢	搓条有黏性、易捏碎	
粉土类	黏质粉土	刀切面较粗糙、无光泽	较粗糙感、弱黏附性	摇晃出水、消失较快	搓条黏性差、易裂散	
	砂质粉土	刀切面粗糙、无光泽	有粗糙感、无黏滞感	摇晃出水、消失很快	搓条较难、易裂散	

续表

疏浚土类别	土名	描述及鉴别方法				说明
砂土类	—	1. 颗粒目测	2. 干散状态	3. 湿土拍打	4. 湿土黏性	砂土尚须描述颜色、湿度、密实度、包含物、颗粒形状等
	粉砂	用手捻摸时，有类似玉米面或灰尘的感觉	大部分结块，捻压即散	表面出水变形	有轻微黏性	
	细砂	其颗粒用目力即能辨别	部分结块，稍压即散	表面水印明显	略有黏性感	
	中砂	大部分颗粒类似砂糖或白菜籽粒	少量结块，一碰即散	表面略有水印	无黏着感觉	
	粗砂	绝大部分颗粒似小米粒	基本分散	表面无变化	无黏着感觉	
	砾砂	大部分颗粒类似高粱米	完全分散	表面无变化	无黏着感觉	
碎石土类	—	1. 颗粒组成	2. 颗粒形状	3. 结构组成	—	碎石土尚须描述颗粒的坚硬程度、风化程度、胶结现象及岩石成分
	角砾圆砾 碎石卵石 块石漂石	量取各石块三个互相垂直的最大尺度，长径 A，宽径 B，厚度 C，以长径为主确定土类	漂石、卵石、圆砾以圆形和亚圆形为主，块石、碎石、角砾以棱角形为主	1. 天然或人工爆破； 2. 沉积期长短； 3. 分层分布及骨架内充填物情况； 4. 级配均匀情况； 5. 表面粗糙或光滑	—	

二、吹填土基本特性和施工特性

1. 吹填土的基本特性

土质是决定吹填工程质量与生产效率的关键因素之一，因此施工前应对取土区地质资料进行仔细研究与分析，了解土壤类别、结构及其物理学指标，并通过试生产了解其吹填特性、固结特性、渗透特性、承载能力等，以此作为设备选型、制定施工方案和编排施工进度的依据。表 1-12 为常见土壤的基本吹填特性，以供参考。

表 1-12　　常见土壤基本吹填特性

<table>
<tr><th colspan="2">土壤类型</th><th>吹填特性</th><th>淤积坡降</th><th>固结特性</th><th>透水特性</th><th>承载能力</th></tr>
<tr><td colspan="2">淤泥质土</td><td>易挖送
沉淀慢
流失大</td><td>1/300～
1/1000</td><td>速度慢
过程长
效果差</td><td>透水性差
排水缓慢</td><td>极差</td></tr>
<tr><td rowspan="2">黏土</td><td>软</td><td>便于挖送
吹填效果差</td><td>1/25～1/50</td><td>固结时间长</td><td>透水性差</td><td>较差</td></tr>
<tr><td>硬</td><td>挖送难
吹填土呈团块状</td><td>1/10～1/25</td><td>管口易堆积
块状物易固结</td><td>防渗能力强</td><td>有一定
承载能力</td></tr>
<tr><td colspan="2">粉细砂</td><td>易挖送
效率高
效果好</td><td>1/50～1/150</td><td>较易固结
速度较快
效果较好</td><td>透水性好</td><td>较好</td></tr>
<tr><td colspan="2">中砂</td><td>落淤快
效果好</td><td>1/25～1/50</td><td>速度快
较密实</td><td>透水性好</td><td>较强</td></tr>
<tr><td colspan="2">粗砂</td><td>落淤快
易堆积</td><td>1/10～1/25</td><td>速度快
较密实</td><td>透水性好</td><td>强</td></tr>
</table>

2. 吹填土施工特性

（1）土壤松散系数。土壤松散系数是指土壤松动的体积与土壤未松动时的自然体积的比值。在弃土性吹填工程中，为确定吹填区的面积或高程，土壤松散系数是必须考虑的一项重要的技术参数，表 1-13 与表 1-14 给出了不同土壤的松散系数，以供参考。

表 1-13 细粒土松散系数 K_S

土类	高塑黏土 膨胀土 高塑有机土 粉质黏土	高塑黏土 中高塑有机土 粉质黏土	中塑黏土 粉质黏土	砂质粉土 粉土 可塑粉土	有机粉土 泥炭
天然状态	硬塑～硬	硬塑	可塑	软塑	流动
K_S	1.25	1.20	1.15	1.10	1.05

表 1-14 粗粒土松散系数 K_S

密实程度	很紧密	紧密	中实	松散	极松
标准贯入击数 N	>50	30～50	10～30	4～10	<4
K_S	1.25	1.20	1.15	1.10	1.05

(2) 固结沉降率。固结沉降率的大小与填土土质密切相关,其固结时间的长短与吹填区的排水条件密切相关,是控制吹填质量(高程控制)的一项重要参数。表 1-15 列出了几种常见土质在一般情况下的实测固结沉降率,可供参考。

表 1-15 吹填土固结沉降率

吹填土类型	砂	黏性土	混砂黏土
固结沉降率(为吹填土厚度百分比)	2%～5%	10%～20%	5%～15%

(3) 流失率。流失率是吹填土流失量与设计吹填量的百分比。是关系到施工质量与工程效益的一项重要参数,其大小与吹填土粒径、吹填区面积、泄水口的高低、吹填设备泥泵的功率相关。一般而言,吹填土粒径越小,吹填区面积越小、越狭窄、越浅,泄水口越低,吹填设备泥泵功率越大,流失率相应也就越高,故应根据实际情况综合考虑。表 1-16 为一般情况下常见吹填土的流失率,供参考。

(4) 地基沉降率。地基沉降率是吹填区地基的沉降量与吹填厚度的百分比。与吹填区地质条件(地基土质)和吹填土厚度、密实度等因素密切相关,表 1-17 归纳了一些从工程实践中得来的数据,以供参考。

表 1-16　　吹填土流失率

吹填土类别	淤泥质土	黏土、粉土	粉细砂	中砂	粗砂
流失率(为设计吹填量的百分比)	≤3%	1.6%～2.5%	1.0%～1.8%	0.5%～1.2%	0.3%～0.7%

表 1-17　　吹填区地基沉降率（吹填厚度百分比）

地基土质	淤泥夹砂	黏土	粗砂	砂质粉土	粉质沙土	黏土夹沙	粉土
沉降率	1%～15%	2%～10%	3%～8%	5%～10%	2%～15%	5%～10%	5%～10%

第五节　工程量的计算

一、计算依据

(1) 工程量计算应以经过审核批准的设计图纸和技术说明书、测量图纸及资料和有关工程量计算的规定为依据。

(2) 疏浚工程一般以水下方计算工程量，对冲淤变化较大的疏浚工程可计算排泥区方量。吹填工程一般以吹填土方量计算工程量。

(3) 依据《疏浚与吹填工程技术规范》(SL 17—2014)，水下方计算工程量应考虑计算允许超深值、超宽值，自然回淤量应计入允许超深值中，计算允许超深、超宽值见表 1-18。自然回淤与施工区上游土质、水流中泥砂含量、水流状况和施工期长短等因素有关，回淤量可按实测确定，也可按经统计的月回淤率乘以原始地形图到竣工测量之间的时间间隔确定。以吹填土方量计算工程量应考虑设计允许超填方量、地基沉降量及流失量等因素，地基沉降量应根据实测最终平均沉降深度乘以吹填区底面积求得。当无实测数据时，可根据表 1-17 估算。流失量可根据表 1-16 估算。

表 1-18　　计算及最大允许超宽、超深值

类别				计算及最大允许超宽值（每边）/m	计算超深值/m	最大允许超深值/m
绞吸式挖泥船	普通绞吸式	绞刀直径	<1.5m	0.5	0.3	0.4
			1.5～2.0m	1.0	0.3	0.4
			>2.0m	1.5	0.4	0.5
	斗轮式	斗轮直径	<1.5m	0.3	0.2	0.3
			1.5～2.4m	0.5	0.2	0.3
			>2.4m	1.0	0.3	0.4
链斗式挖泥船		斗容	≤0.5m^3	1.0	0.2	0.3
			>0.5m^3	1.5	0.3	0.4
抓斗式挖泥船		斗容	<2.0m^3	0.5	0.3	0.4
			2.4～4.0m^3	1.0	0.4	0.6
			>4.0m^3	1.5	0.5	0.8
铲扬式挖泥船		斗容	≤2.0m^3	1.0	0.3	0.4
			>2.0m^3	1.5	0.5	0.6
水力冲挖机组		不限		0.3	0.05	0.1
环保疏浚		不限		2.0	0.1	0.2

二、疏浚工程工程量计算

（1）疏浚工程工程量的计算应根据竣工实测断面并参照图 1-8，在允许的计算超深值和计算超宽值基础上将原有断面修改之后，再按照新的断面计算工程量。采用横断面法计算工程量的公式如下：

$$V=\frac{A_0+A_1}{2}L_1+\frac{A_1+A_2}{2}L_2+\cdots+\frac{A_{n-1}+A_n}{2}L_n \tag{1-1}$$

式中：　V——挖槽断面工程量，m^3；

A_0、$A_1\cdots A_n$——各计算断面的疏浚面积，m^2；

L_1、$L_2\cdots L_n$——A_0 与 A_1、A_1 与 $A_2\cdots A_{n-1}$ 与 A_n 计算断面间的间距，m。

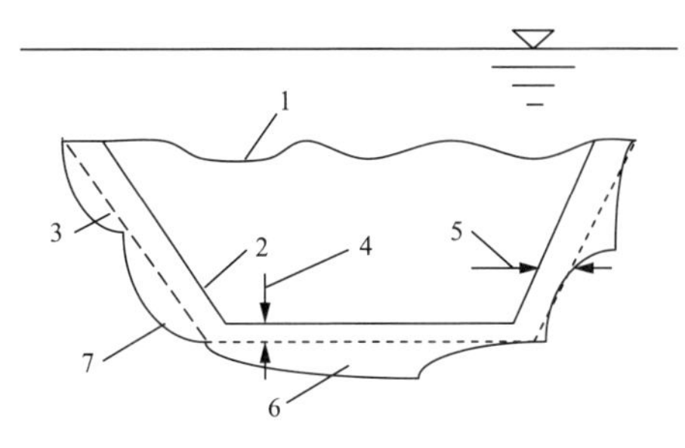

图 1-8　疏浚工程量计算断面示意图

1—原床面；2—设计断面；3—计划断面；4—计算超深；
5—计算超宽；6—无效方量；7—实际开挖线

(2) 工程量计算方式和方法应根据工程性质与条件选取，水下工程量计算宜采用横断面法或平均水深法，对冲淤变化较大的疏浚工程可计算排泥区方量，计算时应考虑流失量和地基沉降量；受水流流速变化和沿海地区涨(落)潮的影响，回淤土较迅速的疏浚工程，排泥场建设工程量可根据实际情况适当放大。使用横断面法和平均水深法计算工程量的方法要点见表 1-19。

表 1-19　　疏浚与吹填工程工程量计算常用方法

方法名称	方法要点	适用范围
横断面法	(1) 断面工程量的计算：首先根据实测挖槽或吹填断面图求取断面面积，求得相邻两断面面积的平均值，其次用该平均值乘以其断面间距，即得相邻两断面间的土方量，最后累加各断面间的土方量即为疏浚或吹填工程的断面工程量。其计算见公式(1-1)； (2) 疏浚工程量应为设计断面工程量、允许超深量与允许超宽量三者之和；吹填工程量应为设计断面工程量、允许超填方量、地基沉降量及流失量四者之和； (3) 用该法在进行断面面积计算时，每一断面均计算两次，且其计算值误差不应大于 3%	疏浚与吹填工程中常用

续表

方法名称	方法要点	适用范围
平均水深法	(1) 根据疏浚区的实测地形图,计算平均挖深,再乘以相应区域的面积,即为疏浚工程量; (2) 平均挖深应为设计水深和允许超深二者之和,且应满足质量控制要求; (3) 用此法计算工程量时应以不同的分块进行复核,且其误差值控制在3%以内	多应用于疏浚工程
平均高程法	(1) 根据吹填区的实测地形图,计算平均吹填厚度,再乘以相应区域的面积,即为吹填区工程量; (2) 平均吹填厚度应包含允许超填的厚度,总方量还加入地基沉降量和流失量。其计算公式见式(1-2); (3) 用此法计算工程量时应以不同的分块进行复核,且其误差值控制在3%以内	多应用于吹填工程
格网法	先将吹填区按一定的面积分成许多方格,首先计算出每一方格的平均吹填厚度,再乘以方格面积即得该方格的吹填土方体积,所有方格的吹填土方体积累加即为该吹填工程总格网工程量。用此方法计算土方工程量应注意以下三点: (1) 每个方格内用以测算平均吹填厚度的点位应足够多且具有代表性; (2) 吹填区边角不规则部位格子的面积计算应足够精确; (3) 总格网工程量应包含允许超填的工程量,总工程量还应包含地基沉降量和流失量	多应用于吹填工程
产量计算法	通过挖泥船所装备的产量指示器自动计算	此法只能在装备产量计的挖泥船上采用

三、吹填工程量计算

(1) 吹填工程量按吹填土方量计算时,总工程量应为设计吹填方量与设计允许超填方量以及地基沉降量之和,并应考虑吹填土的流失率。吹填平均高程与设计高程的高程差应控制在−0.1～+0.3m之间,超填厚度不应大于0.2m。

吹填土表面平整度允许偏差见表 1-20；按取土量计算工程量时，应以计算疏浚工程量的方法实施。吹填工程量计算见图 1-9。吹填总工程量计算公式如下：

$$V=\frac{V_1+\Delta V_1+\Delta V_2}{1-P} \tag{1-2}$$

式中：V——吹填总工程量，m^3；

V_1——吹填设计工程量，m^3；

ΔV_1——地基沉降量，m^3；

ΔV_2——设计允许超填量，m^3；

P——吹填土流失率，%。

表 1-20　吹填土表面平整度（测点）允许偏差

吹填土特性			测点允许偏差
土类	D50/mm	吹填状态	正负高差/m
淤泥土质	<0.005	流/软塑	−0.2～+0.3
中（硬）塑黏土	0.005～0.01	硬塑土团	−0.8～+1.2
粉质黏土	0.01～0.05	软塑土团	−0.4～+0.6
细粉砂	0.05～0.2	松散	−0.2～+0.4
中砂	0.2～0.5	松散	−0.3～+0.5
粗砂	0.5～2.0	松散	−0.4～+0.6

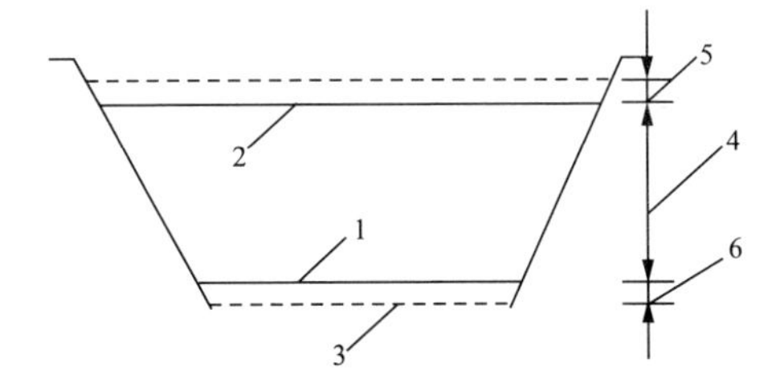

图 1-9　吹填工程量计算断面示意图

1—原始底面；2—设计吹填高程面；3—沉降后底面；4—设计吹填平均厚度；5—允许超填厚度；6—地基平均沉降深度

（2）陆上工程量计算宜采用横断面积法或平均高程法，对地形平坦的吹填区可采用格网法，特殊情况下可按取土方量为计算对象，方法要点参见表 1-19。

第二章

施 工 准 备

第一节 基本资料收集

一、基本资料分类

基本资料总体上分为两类:一类是自然条件资料。是指与工程直接相关的水文、气象、地形、地质等条件;另一类是施工组织条件资料。是指与生产、生活有关的人员、交通、供应、服务、治安、环保等条件。

二、基本资料收集

1. 水文资料

水文资料的基本内容包括水位、流速流向、泥砂、潮汐、波浪、冰凌等,其收集内容及要求见表 2-1。

表 2-1　　水文资料

收集项目	收集内容	收集要求	收集作用
水位	(1) 历年逐月水位及水面纵横比降特征值; (2) 典型年月水位特征值; (3) 最枯水位、汛期水位及其历时; (4) 受上、下游闸坝及支流影响时的水位变化		设备选择、施工进度控制、施工质量控制、设备安全保证、提高工程经济效益
流速、流向	(1) 历年逐月及典型年月流速、流量特征值; (2) 汛期不同水位下的流速、流量值;		

续表

收集项目	收集内容	收集要求	收集作用
流速、流向	(3) 不同水位下的流向变化；(4) 沿海及感潮河段不同涨落潮位下的流速、流向；(5) 受上下游闸坝、支流影响的要收集闸、不同蓄排水位或支流来水变化时的相应流速、流向	(1) 一般应不小于5个水文年。对跨年度的大型工程应不小于10年；(2) 对工程区域内无水文观测站的应设置临时观测站点，并观测不少于15d的水位或潮位资料，推算与相邻最近站点的水文关系；(3) 应了解水文站所用的高程系与工程所用高程间的关系	施工方法选择、设备展布、施工质量控制、设备安全保证、提高工程经济效益
泥砂	(1) 不同来水情况下含砂量及河床冲淤变化规律；(2) 河床演变资料		施工质量控制、经济效益保证
潮汐	(1) 潮汐类型、潮位特征值、潮汐预报表；(2) 不同潮位时的流速、流向		设备选择、设备安全、施工进度安排，施工质量控制
波浪	(1) 不同风向、风速下的波高、波长、波向、周期；(2) 浪涌及0.6m以上波浪出现的季节、频率和持续时间		施工质量控制、施工进度安排、设备安全保证
冰凌	(1) 历年封冻日期、冰冻厚度、封冻持续时间；(2) 冰凌出现的季节、频率		施工进度安排、设备安全保证

2. 气象资料

气象资料包括风、雨、雪、雾、气温等，收集内容及要求见表2-2。

表 2-2 气象资料

收集项目	收集内容	收集要求	收集作用
风	(1) 历年逐月不同风向、风速、风力的出现频率; (2) 历年5级以上、沿海地区6级以上风出现频率、持续时间及风向、风速	应收集工程所在地不少于20年的气象资料	选择设备、施工进度安排、设备安全保证
雨	(1) 年均和月均降雨量、降雨天数; (2) 暴雨出现月份、持续时间及最大降雨量出现的月份		施工进度安排、设备安全保证
雪	历年大雪出现的季节、频率及持续的时间		施工进度安排、设备安全保证
雾	历年逐月大雾、厚雾、浓雾出现的季节、频率及持续时间		施工进度安排、设备安全保证
气温	(1) 各月气温特征值、最高气温与最低气温出现的日期、持续时间; (2) 历年逐月高于33℃和低于0℃的天气出现的季节和持续的时间; (3) 冬季最大冻土厚度		施工进度安排、设备安全保证、职工身体健康保证

3. 地形资料

地形资料主要内容包括施工区(疏浚区、吹填区)地形图及其纵、横断面图和业主提供的平面控制点、水准点等。收集的内容和要求见表2-3。

表 2-3　　地形资料

收集项目	收集内容	收集要求	收集作用
地形测量资料	(1) 地形图 (2) 纵、横断面图	地形图及纵、横断面图的范围能否满足施工总体布置的要求；精度与比例能否满足工程量计算的要求，如不满足则需补充测绘。业主提的平面控制点、水准点需复核	制定施工总体布置，施工阶段工程测量、工程量计量的依据
测量控制点资料	平面控制点，水准点		

4. 地质资料

地质资料包括勘探资料和试验成果资料。收集的内容及要求见表 2-4。

表 2-4　　地质资料

收集项目	收集内容	收集要求	收集作用
勘探	钻孔平面布置图、柱状图、剖面图	结合现场勘察检查钻孔间隙、深度、试验项目能否满足施工要求，不能满足时应要求补充勘探	分析土质类别、划定疏浚土级别、选择设备与挖泥机具、制定施工方案、安排施工进度、编制施工预算、控制施工成本
试验	(1) 岩土土工试验成果； (2) 疏浚土化学成分及水质分析试验(环保疏浚工程)		

5. 施工组织条件

施工组织条件资料收集项目、内容及要求见表 2-5。

表 2-5　　施工组织条件资料

项目	内容	作用	要求
安全生产保证	(1) 作业区内水下及过江电力、通信线路、输油、输水等管道、过江桥涵、闸坝、沿岸建筑物、水下文物、水下障碍物、水生植物、养殖场、污染物及爆炸物等的情况； (2) 附近水域内避风或度汛锚地的位置和停泊能力	研究制定安全生产的方案	应查明所属单位和具体位置或分布范围

续表

项目	内容	作用	要求
后勤供应保障	(1) 油料、材料、配件、电力与淡水等供应情况； (2) 机械设备、劳动力供应情况	研究制定后勤供应方案	查明供应或使用的方式、条件和价格标准
正常施工保证	(1) 辅助工程的完成情况或修筑条件； (2) 现场管线运输、敷设及临时用地条件； (3) 过往船舶的类型、频率以及对施工的干扰情况； (4) 通信方式与条件	制定施工方案、安排施工进度、保证安全	收集的资料要经过现场勘察与核实
生产保证	(1) 生活、医疗等设施条件； (2) 风俗习惯及社会治安情况	方便生活、便于管理	应从多方面进行调查、收集
环境保护要求	(1) 施工区土质、水质及空气质量的调查情况； (2) 施工设备噪声对周边区域的影响； (3) 设备施工及疏浚土运输对环境的影响； (4) 对附近存在的取水口、风景名胜区及自然保护区可能产生的影响； (5) 施工对水域流体动力环境可能产生的影响	制定环境保护、文明生产措施	多方面调查、收集，符合环境评价要求

第二节 施工现场准备

一、施工现场准备的具体措施

(1) 疏浚区、吹填区、取土区障碍物的清除；

(2) 落实施工船舶停泊和补给码头；

(3) 落实施工通道；

(4) 选择施工船；

(5) 准备物料堆场船舶停泊和避风锚地，并办理相关手续；

(6) 落实用水用电；

(7) 落实现场通信手段,配备水上交通船舶和陆地交通用车；

(8) 落实施工现场管理机构生活设施和办公用房；

(9) 工前测量；

(10) 施工放样；

(11)设立 GPS 参考台；

(12)需要准备的其他工作等。

二、前期测量与施工放样

1. 前期测量的内容及要求

前期测量的内容包括平面控制点、水准点、水尺的复核和施工区地形及浚前水深复测。

前期测量的要求：

(1) 施工区地形复测、浚前水深复测的成图比例、测量方法和精度应与设计阶段相同。

(2) 小型河道地形横断面测量应测至堤脚外 5～15m;宽阔河道、湖泊和河口等宽阔水域的疏浚工程地形横断面应测至设计上开口线以外 30～50m;按水下方计量的吹填工程,地形横断面图应测至取土边线外 30～50m;吹填区地形横断面图测量应测至围堰外坡脚以外 5～15m。

(3) 对回淤明显或规模较大、工期较长且有一定回淤的疏浚区域,可按施工顺序,分区、分段在接近工程开工时进行。

(4) 测量应会同项目法人或监理工程师一起进行,测量成果应由双方签字认可。

2. 施工放样及施工标志设立的内容及要求

(1) 施工放样前应对平面控制网点进行检查复核。

(2) 当现有控制网点不足时,应按图根点测量要求布设三角网、导线网或利用 RTK-DGPS 加密图根点作为施工的平面控制点。

(3) 施工放样的内容包括开挖边线的放样、开挖中心线的放样、疏浚设备的定位、各种管线的安装放样、围堰轴线、坡脚线的放样等。

(4) 施工放样测点的高程精度不应低于四等水准测量精度要求，放样点位相对于测站点的误差不应超过表 2-6 的规定。

表 2-6　　放样点精度要求

项目		平面位置误差/m
开挖边线	岸边	±0.5
	水下	±1.0
各种管线安装		±0.5
开挖中心线		±1.0
疏浚设备定位		±1.0
围堰轴线		±0.3

(5) 需分区、分条开挖时，应根据施工船舶的不同需要，进行施工放样，且应符合下列要求：

1) 采用 GPS。需要设立 GPS 参考台时，应满足相关设备的有限范围；高度与工作船台保持通视；避开高大金属结构、无线电发射源。

2) 岸上标志可采用标杆或标牌。水上标志当水深小于 2.5m 时，可采用标杆；水深大于 2.5m 时，可采用浮漂。标志能标示出挖槽的起、止点、中心线、左右边界线、边坡线、转向点和工程分界线等，并根据需要设置里程标、边坡开挖导标和分条施工标，导标灵敏度满足施工精度要求。岸上标志每组不少于 2 个，水上标志每组不少于 3 个。

3) 前后标志之间的距离可取导线长度的 1/15～1/10，岸上标志顶部有 1.5m 以上的高差。

4) 当夜间施工能见度差时，标志上安装灯光显示装置，灯标不小于 2 组。

(6) 在湖泊等开阔水域施工时，各组标志上安装颜色相同的旗帜与单面定光灯，相邻组标志的旗帜与灯光以不同的颜色标示。

(7) 水下障碍物采用标杆或浮标标示出分布范围。

(8) 水下抛泥区用浮标或岸标指示出范围与抛泥顺序。

(9) 由疏浚施工区通往抛泥区、吹填区和避风锚地的通道可根据航行的需要设置助航标志。

三、其他准备工作

(1) 水位站的设立及要求：

1) 施工区附近设立水尺或水位站，并配备向挖泥船通报水位的装置，水尺的零点与设计采用基准面一致；

2) 水尺设置在临近施工区、便于观测、水流平稳、波浪影响小和不易被破坏的地方，必要时加设保护桩与避浪设施；

3) 水面横向比降大于1/10000时，在施工河段两侧分别设立水尺，施工区水位与测量点水位按水尺读数进行内插；

4) 水尺零点宜与挖槽设计底高程一致；

5) 水位通报及时、准确。人工通报精确到0.1m，自动通报精确到0.01m。

(2) 埋设沉降及位移观测设备，并对观测仪器进行标定。具体设置参见第二章第四节施工围堰的有关内容。

第三节 施工设备调遣

一、一般规定

1. 施工船舶调遣满足的要求

(1) 各种证书齐全、有效，满足航区安全航行的要求，并经过船检部门的检验和海事部门的批准；

(2) 大型设备的水上拖带发布航行通告，船舶吃水、规格尺寸和拖缆长度应符合当地海事部门的要求和相关规定，并符合沿途航道、桥梁、跨江(河)架空线路等的通过条件。

2. 施工船舶的调遣采用的方式

(1) 自航挖泥船、自航泥驳、拖轮、工作艇在本船舶规定的适航区域内，可采用自航方式；

(2) 非自航挖泥船和非自航泥驳等辅助船舶，可采用拖轮拖带方式或装船(驳)运输方式；

(3) 小型挖泥船、辅助工程船、拼装式挖泥船、浮筒(体)、排泥管及其他配套设备，当不具备水上调遣条件或经济上不合理时，可采用陆运方式调遣。

二、海上调遣

1. 总体布署与安排

调遣前应查看调遣线路，制定调遣方案、调遣计划与安全措施，并向当地海事部门提出申请，按照船舶设计使用说明书、结构特点及有关部门规定进行封舱与船舶编队，落实调遣组织等准备工作。

2. 封舱措施

(1) 露天甲板和上层建筑甲板上的各种开口均应关闭，排水设备等应符合船检部门现行标准《海船载重线规范》(1975)的有关规定。

(2) 所有露天甲板上的舱口、人孔、门、天窗、舷窗、油舱孔、通风筒、空气管等，必须全部水密密封，或准备随时水密封闭，并做好效防护。必要时应对门窗做冲水试验。干舷甲板以下的舷窗均应在外侧用钢板或其他结构物做有效防护。

(3) 锚链孔应配备防水压板，锚链筒应使用防水物堵塞并包扎封严，在海浪冲击下海水不得进入锚链舱，不得影响紧急抛锚。无人随船的被拖船锚链孔应水密封闭。

(4) 主甲板舷墙的排水门必须开动灵活，甲板上的流水孔也必须保持畅通。

(5) 所有舷边的进水孔、排水孔均应保持有效。

(6) 所有舱壁的水密门必须关闭。

(7) 所有水柜、双层底、干舱和人盖孔均应用螺栓紧固，并水密。

(8) 所有干舱、空舱、油水舱、双层底舱、污水沟均应有测量装置，其在甲板上的测量管系封盖应保持水密。舱底污水沟里的积水应清理排干。

(9) 拖航时，不用的舷外阀门和舷侧阀门均应关闭。

(10) 油舱、水舱及压载水舱应根据装载规定和稳性要求进行调整、装满或排尽，影响船舶稳性的舱底水应清除。

(11) 无人随船的被拖船，应关闭除航行灯外所有电源、油源、气源和水源。

3. 设备加固措施

(1) 绞吸式与斗轮式挖泥船:将定位桩倾倒在甲板支架上,并加以固定,绞刀桥梁提升至水面以上,插好保险销,两侧楔紧;有抛锚杆的将两侧抛锚杆收拢并与船体系紧;横移锚提放至甲板上牢固置放,船上可活动的机具、部件、器材、物品绑扎牢固或焊牢。如泥泵处于非完好状态,吸排泥口以铁板封堵。

(2) 链斗式挖泥船:斗链不得自由下垂低于船底,且牢固系在斗桥上;斗桥升至最高位置且用保险绳系牢,并在其燕尾槽上搁置坚固枕木,将斗桥固定楔紧。

(3) 抓斗式、铲斗式挖泥船:将抓斗、铲斗拆卸下来并牢固置放于合适部位;吊架放低、搁牢;吊机用钢索固定。

(4) 泥驳的泥门关紧,并加保险销子固定。

(5) 小型辅助船、浮筒及排泥管等设备,可以装在货驳或其他船舶上调遣。

4. 调遣途中的有关规定

(1) 调遣途中,非自航式挖泥船上的工作人员须离开本船,只留少数有经验的船员在主拖轮上,负责检查和联系;

(2) 被拖船舶备有灯光、信号及其他通信联络方式;

(3) 拖航期间应定时向有关主管部门报告航行情况与所在方位。

5. 装半潜驳拖运

除应符合上述调遣途中的有关规定外,还须符合下列要求:

(1) 布墩:

1) 根据计划装驳的各船舶、设备、管线的结构,外部轮廓尺寸、重量、及潜驳载重量、结构尺寸等画出布置图与总平面布置图、线型图,并提交给承运方准备布墩工作;

2) 布墩工作结束后对船舶舾装相对位置进行核对,确保无误。

(2) 装卸驳:

1) 装卸驳前须到当地海事部门申请下潜水域,选择下潜水域时，须满足潜驳吃水、水下地形、地质、流速、风浪等条件的要求；

2）下潜在5级风以下时进行；

3）装驳先装水上设备后装散件，卸驳时先卸散件后卸水上设备；

4）装卸时设专人统一指挥，避免相互碰撞，确保设备安全。

三、内河调遣

1. 准备工作

在调遣线路调查中，内河除具有足够的航行尺度外，对沿途桥闸、架空电力、通信线路的净空以及水位变化等资料，均要取得可靠的数据。

2. 船舶拖带方式及拖带编队

（1）内河调遣可采用吊拖、旁拖、顶拖等方式。长距离拖带时，将挖泥船绞刀架、泥斗、斗桥放在与行驶方向相反的一面。

（2）两栖式清淤机采用旁拖式拖带，航行前收拢转腿，四支脚和铲斗一半放于水面以上，工作装置放在正中，斗杆弯成90°。

（3）船队外围尺寸不能超过航道允许尺度。

（4）最大最坚固的船只安排在队首，其余船只按大小顺序向后排列。

（5）船队内各船舶之间连结牢固，横向缆绳拉紧，纵向缆绳处于松弛状态。

（6）挖泥船队穿过浅水湖面水产养殖区时，须解编分批拖带，每批拖带长度以40～50m为准。并采取一轮领拖，另一轮吊艄顶推的方式。

3. 浮筒管线拖带

（1）仔细检查浮筒，不能有松散、破损、漏水等现象。

（2）浮筒分段组排，排与排之间、浮筒与排泥管、排泥管之间连接牢固，浮筒与浮筒之间用铁链或钢缆进行连接。分排长度要符合海事部门的规定。

(3) 被拖浮筒要按有关要求设置灯光信号，保证航行安全。

(4) 被拖浮筒后须安排一机动船进行监视，发现问题及时处理。

4. 拖航人员职责

被拖船舶上安排有经验的船员值班，负责检查与联系。挖泥船上须备有抛锚设备，并能随时抛锚，机舱抽排水系统保持完好。

四、陆上调遣

1. 准备工作

(1) 对运输线路进行查勘，查明公路等级、弯道半径、坡度、路面宽度和状况、桥涵承载等级和结构形式，以及所穿越的桥梁、隧道及架空设施的净空尺寸等，对不能满足大件运输要求的路段和设施，须采取切实可行的措施，并经有关部门核准。

(2) 根据可拆卸设备的部件尺寸、重量及运输条件，选择合理的运输方式和工具，落实运输组织、制订运输计划，联系运输车辆。

(3) 主要设备拆卸前按设计图纸绘制部件组装图。

(4) 设备拆卸后核定组装件的尺寸及重量，并编号、登记、造册。对精密部件、仪器及传动部件，按设备使用说明书规定，清洗加油，包扎装箱。

(5) 需要跨越铁路时，要向铁路有关部门申请核准具体跨越铁路的时间，运输车辆须集中准时通过。

(6) 采用铁路运输时须向主管部门申请承运车皮和装卸场地、装卸设备、装卸时间等。

2. 组装场地条件

(1) 场地大小满足车辆运输、部件堆放，以及必要的车间、仓库、生活用房等要求。地面高程要高于组装期间河、湖最高水位。

(2) 设置滑道的水域在满足船舶能沿滑道下水并拖运到施工作业场所的同时，水深条件要考虑船舶下水滑行的下冲力所要增加的尺度。滑道不能过短，坡度在1∶20～1∶15之间，或根据船舶要求专门设计。

3. 运输要求

设备装车系缚须牢固、稳妥，载运途中要严格遵守交通运输部门的有关规定。

第四节　辅助工程施工

一、施工围堰

1. 围堰设计

围堰设计包括围堰平面布置，围堰结构型式和筑堰材料的选择，堰身设计及修筑技术要求等内容。

(1) 围堰平面布置应符合下列要求：

1) 围堰应布置在地形平整、土质较好且比较稳定的地段，并充分利用四周的高岗、土埂、旧堤等地形、地貌。应避开软弱地基、深水地带、强透水地基及有暗沟的地带，当无法避免时应提出处理措施。

2) 要求平顺，尽量避免出现折线或急弯。

3) 临水围堰走向应尽可能与水流、潮流方向一致。

4) 应布置在不占耕地或少占耕地的地段。

5) 对要求分区、分期完成弃土或吹填土的围堰，应根据需要布设隔堤。

(2) 围堰结构型式和筑堤材料的选择与确定应符合下列要求：

1) 因地制宜，就地取材。根据工程具体情况经过技术经济分析比较，综合确定围堰结构型式。对离工农业区、生活区、交通要道等较近的工程应提高围堰的设计标准。

2) 对陆地围堰可选择土围堰、混合材料围堰、袋装土(砂)围堰等型式。

3) 对大、中型滩涂造地与临水吹填的永久性工程，宜选择抛石围堰、重力式围堰；在水深小于2m的江、河、湖、库的浅水滩，当滩地土质为粉细砂土时，也可选用土工布袋充填砂围堰，但应采取防波浪、防水流冲刷、侵蚀的技术措施。

4）对小型或临时性临水吹填工程，可采用桩膜或袋装土（砂）围堰。

5）临时性围堰可采用桩膜或袋装土（砂）。

6）对同一围堰可根据现场具体条件采用不同型式，但在变换处应做好连接处理，必要时应设过渡段。

7）筑堰材料中所使用土工合成材料，应符合《水利水电工程土工合成材料应用技术规范》(SL/T 225—1998)的要求。

（3）堰身设计应符合下列要求：

1）应遵循安全稳定、经济实用、满足要求、便于施工的原则。

2）应确定断面型式、顶宽、边坡、堰顶标高、防渗技术措施等内容。

3）筑土围堰断面宜采用梯形，堰高大于4m时应按堤防标准设计，设计应符合《堤防工程设计规范》(GB 50286—2013)要求。

4）滩涂上的堰身设计还应符合《滩涂治理工程技术规范》(SL 389—2008)要求。

5）围堰顶宽与边坡应根据筑堤材料和方式确定，可参照表2-7选择。采用机械施工以及堰顶有通车要求的，可根据需要适当加宽。遇软弱地基、填筑材料较差时，可根据经验或稳定计算确定。

表 2-7　　土石围堰尺寸

材料类别	边坡		顶宽/m	备注
	内	外		
混合土	1∶1.5	1∶2.0	1.0～1.2	临水坡局部防护
砂性土	1∶1.5～1∶2.0	1∶2.0～1∶2.5	1.0～2.5	袋装土(砂)防护或土工布防护
黏性土	1∶1.5	1∶2.0	1.0～2.0	临水坡局部防护
袋装土(砂)	1∶0.5	1∶2.0	1.5～2.0	背水坡或坡顶防老化防护
片、块石	1∶0.5	1∶1.0	0.8～1.2	临水坡应设防渗层

6）船闸两侧、码头及挡土墙后侧陆地吹填，若以建筑物作围堰时，应对建筑物进行防渗检查和抗滑稳定验算，如存在安全隐患或有影响吹填质量因素时，应制定相应技术措施。

7）堰顶标高应按下式计算：

$$H_y = h_p + h_1' + h_2' + h_3' \tag{2-1}$$

式中：H_y——堰顶标高，m；

h_p——吹填设计高程，m；

h_1'——沉淀富余水深，m（可按吹填土颗粒粗细选取，取值范围为 0.2～0.5m）；

h_2'——风浪及安全超高，m（可按吹填区位置和面积大小选取，内陆采用 0.2～0.5m，沿海采用 0.5～1.0m）；

h_3'——围堰沉降量，m。

8）围堰应满足闭气防渗要求，对有护坡、护顶要求的应制定相应技术措施，具体可参照现行相关标准条文。

9）围堰应进行防渗与抗滑稳定性计算，对堰基为软弱土层和密实度较低的土质围堰，还应进行沉降量计算。

2. 围堰的类型及适用条件

围堰按其筑堰材料可分为土石围堰、袋装土围堰、草木围堰、土工编织袋围堰、桩膜围堰等。常用围堰的类型及适用范围见表 2-8。

表 2-8　围堰类型及适用范围

围堰类型	适用条件	示意图及优、缺点
土石围堰	筑堰土源丰富，机械施工方便，堰底地基稳定且不透水	B　m 优点：适用广泛、施工方便简单，材料容易选择，便于加高； 缺点：断面大，受自然条件影响因素多

续表

围堰类型	适用条件	示意图及优、缺点
草木围堰	吹填高度较小且工程量不大、筑堰土源不丰富、需从场外远距离运土的临时工程	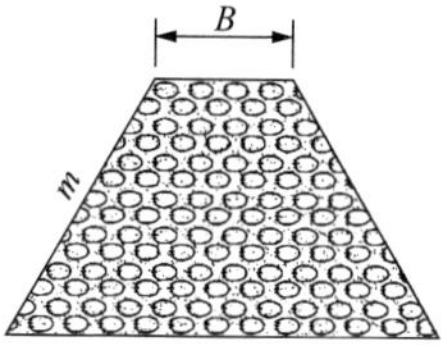 B m 优点：断面小、造价低，筑堰材料容易选择； 缺点：施工质量不易控制，不便于机械化施工
土工纺织袋围堰	围堰底基础处在软弱地基上且筑堰土源不丰富、工程量较大。适用于海边滩涂并配合挖泥船施工。冲填料必须是有足够透水性的粉砂、细砂或中粗砂	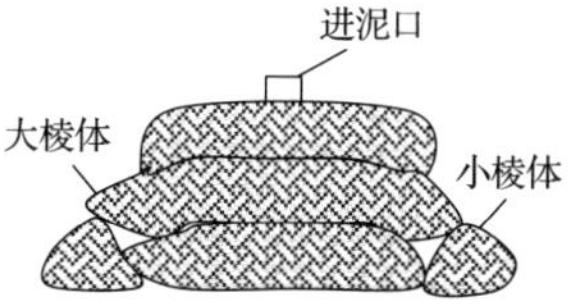 进泥口 大棱体 小棱体 优点：可在浅水滩涂、淤泥地基上修筑。施工速度快，质量容易控制，工程造价相对低； 缺点：编织布抗拉强度和充填料必须满足设计要求，潮汐区或受水流冲击区域施工控制难度大
桩膜围堰	适用于围堰底基础处在软弱地基上且筑堰土源不丰富、适用于河、海滩涂且水深3m以内，流速小于1m/s时施工	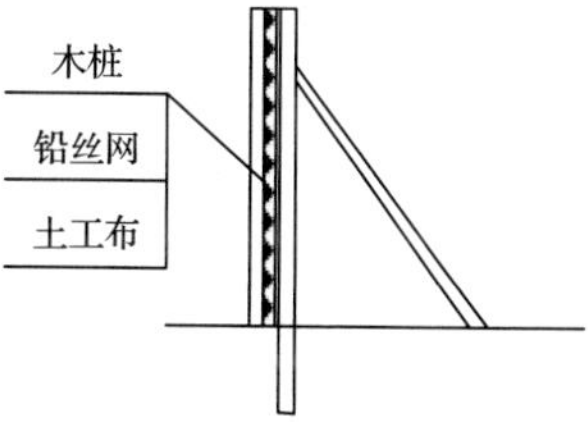 木桩 铅丝网 土工布 优点：适合于浅水中修筑和人工作业，技术难度小，施工速度快； 缺点：受自然条件影响因素多，施工工序较复杂，不宜深水筑堰

3. 测量及放样

根据设计图纸进行测量与定位，所使用的坐标与高程系统须与设计图纸一致。测量与放样包括以下内容：

(1) 排泥区或吹填区的平面位置放样。

(2) 围堰堰址原始地形测量。

(3) 围堰轴线、内外坡脚线、堰顶控制标高等项放样。沿围堰中心线从起点到终点每隔 25～50m 设置木桩，标出地面高程和堰顶高程，并按围堰设计断面用木桩或标杆放出堰顶宽度及坡脚线。

(4) 堰身放样时，要根据设计要求预留出堰基、堰身的沉降量。

(5) 围堰堰身沉降与位移观测设置。

4. 施工工序及技术要点(见表 2-9)

表 2-9　　施工工序及施工要点

围堰类型	主要工序	技术要求
土围堰	堰基处理	(1) 清基：堰基上杂草、树根、腐殖土等必须清除干净，堰基为坚硬土或旧堰基时，表层土应翻松，然后填覆新土并压实，以使堰体与堰基充分结合，保证围堰的密实与稳定； (2) 堰基防渗：当堰基为砂性土、杂填土时，应在堰基中间挖槽，再回填黏性土，以防水体渗出，危及堰体安全； (3) 堰基排水加固：堰基为淤泥质土时，应采用土工织物、柴排、竹排垫底或施打塑料排水板等方法加固； (4) 当堰基内发现暗沟时，应采取适当措施堵漏； (5) 设计有明确要求时，应按设计要求执行
	取土	(1) 土质选择：宜优先选用黏粒含量在 15%～30%的壤土或黏土、不得含有植物根茎，砖瓦垃圾等杂质。淤泥、天然含水率高且黏粒含量超过 30%的黏性土、粉细砂、冻土块、腐殖土、膨胀土等不宜用于堰身，必要时应采取相应的技术措施； (2) 就地取土修筑围堰时宜从弃土(吹填)区内取土，分层吹填时亦可取已固结的吹填土筑堰加高；取土坑边缘距堰脚距离及取土深度应符合表 2-10 的要求。取土坑应每隔适当距离留一土埂，不得连续贯通；

续表

围堰类型	主要工序	技术要求
土围堰	取土	(3) 排泥管线两侧5m内不得取土,5m以外取土坑深度不宜超过1.5m,以防止取土坑过深或离管线太近时,受到水流冲刷,造成管基坍塌,影响管道安全
	填筑	(1) 围堰修筑应从地势最低处开始,沿水平方向分层碾压; (2) 土质围堰修筑应分层夯实或压实,根据土质不同,分层厚度宜为0.3~0.5m; (3) 当堰高大于4m或在软基上以及用较高含水量土料修筑围堰时,应分期填筑或对施工速度进行控制,必要时应在地基、坡面上设置沉降或位移观测点,并随时观察、分析
石围堰	石料选择	(1) 片、块石围堰所用石料应级配良好且有较好抗风化、抗侵蚀性能; (2) 抛填石料块重以20~40kg为宜,在风浪及水流流速较大的区域施工,石料块重可提高至50~100kg
	填筑	(1) 应根据水深、水流、波浪等自然条件计算块石的漂移距离,并通过试抛确定抛石船的驻位。先粗抛,后细抛; (2) 宜分层平抛,每层厚度不宜大于2.5m,抛投时应大小搭配; (3) 抛石前可采用先在底部铺设土工布软体排或土工格栅,后抛填的方法,以减少沉降量,减少投资
袋装土围堰	装袋	(1) 各袋装料量应大致相等,袋装土的饱满度应控制在75%~85%; (2) 袋口应扎紧系牢
	修筑	(1) 袋装土应分层错缝垒筑,排放应整齐、接缝处应压实; (2) 对围堰顶部及边坡应进行整平及夯实
土工编织袋充填土围堰	土工编织袋材料选择与加工	(1) 制袋用土工布的抗拉强度、抗老化能力和透水性能应满足设计; (2) 土工编织袋的大小应按围堰断面尺寸确定; (3) 土工布接缝处宜折叠两层并缝合牢固,缝宽度大于0.05m,缝线不应少于3道

续表

围堰类型	主要工序	技术要求
土工编织袋充填土围堰	充填土料的选用	一般宜选用粉细砂土，粒径大于0.075mm的颗粒含量应不少于50%，黏粒含量不应超过10%
	棱体定位充填	(1) 土工编织袋铺设前需对基层进行平整，表面要求无棱角； (2) 水下部位土工布袋应按放样准确定位； (3) 充填土袋应分层放置，就地充填，袋与袋之间搭接不应小于0.5m，上下层和内外层均应错缝搭接，底部及两侧袋体应垂直围堰轴线放置； (4) 充填时泥浆浓度一般应控制在15%左右，充填成型厚度一般宜控制在0.4～0.8m； (5) 围堰顶部与边坡应密实、平整。满足闭气、抗渗、防冲刷的要求
桩膜围堰	立桩打设	(1) 立桩的间距和打入土的深度及桩的强度需做稳定验算。施工前应逐根检查验收，不符合要求的不应使用； (2) 立桩应采用整桩，不应搭接使用，间距不应超过1m，支撑桩或斜拉桩间距应为立桩间距的1～4倍，地基较为松软或吹填土较厚时，间距应加密
	横杆绑扎	横杆一般只承受垂直压力，不产生水平位移，安装时由人工用铅丝或尼龙绳固定
	结构层选用与绑扎	(1) 纵向拉结杆、细骨架结构层的搭接长度应大于立桩间距的1.2倍，搭接处和立桩间应连接牢固； (2) 各结构层与桩架间应绑扎牢固； (3) 当水深在1.5m以下时，可适当加密横杆除去铁丝网，直接安装竹编笆及土工布； (4) 土工布或编织布的透水能力应根据泥面升高速度确定，土工布连接采用缝接，搭接长度不小于15cm
	堰底处理	桩膜围堰在吹填之前应将堰底的土工布用土压实，防止泥浆从底部流失

表 2-10 取土坑距围堰坡脚最小距离及取土深度限制

设计围堰高度/m	取土距离/m	取土深度/m
<2.0	>3.0	≤1.5
2.0～4.0	>4.0	<2.0
>4.0	>5.0	<2.5
软土地基	≥3 倍围堰高	<1.5 倍围堰高

5. 施工允许偏差

(1) 土质围堰施工的允许偏差见表 2-11。

表 2-11 土质围堰施工允许偏差

项 目	允许偏差/mm
围堰顶部宽度	±100
围堰顶部高程	±100
围堰坡边轮廓线	±150
围堰轴线	±200

(2) 石围堰施工允许偏差见表 2-12。

表 2-12 石围堰施工允许偏差

项 目	允许偏差/mm	
	水上	水下
围堰顶部宽度	±150	—
围堰顶部高程	±200	—
围堰坡边轮廓线	±200	±300
围堰轴线	±200	—

(3) 袋装土围堰施工允许偏差见表 2-13。

表 2-13 袋装土围堰施工允许偏差

项 目	允许偏差/mm	
	水上	水下
围堰顶部宽度	±150	—
围堰顶部高程	±150	—
围堰坡边轮廓线	±200	±300
围堰轴线	±200	±300

(4) 土工编织袋充填砂围堰施工允许偏差见表2-14。

表2-14　土工编织袋充填砂围堰施工允许偏差

项目		允许偏差/mm	
		水下抛筑	陆上砌筑
围堰顶部宽度		+120 −150	+100 −100
围堰顶部高程		+150	+100
围堰坡度		±10%	
围堰轴线		±1500	±500
充填袋尺寸	长度	+1%～−0.5%	
	宽度	+1%～−0.5%	

6. 围堰沉降与位移观测点和吹填区沉降杆的布设

(1) 围堰沉降与位移观测点的布设：

1) 围堰堰体外部观测点的布设按断面法进行，应不少于三个断面且围堰的中段、转角处有观测断面，每个断面监测点不少于4个，布设在堰顶、外平台、内坡角及防浪墙等关键部位。

2) 堰体内部及地基上观测点布设于围堰中心线附近和坡脚处，间距50m左右；竖向布设深度应深于堰体上部载荷影响的深度。

(2) 吹填区沉降杆的布设：

1) 沉降杆的布设数量应根据吹填区地质、地形、形状以及工程要求综合确定，可按50～100m间距均匀布设，当吹填区地质变化较大时应适当加密。

2) 沉降杆应布设在较为平整的原始地面上，测杆应垂直，装设应牢固。

3) 沉降杆可参照图2-1制作，测杆顶端高程宜超出设计吹填标高1.0m，吹填厚度较大或分层吹填时，测杆应分段接长。

4) 沉降杆应统一编号并在吹填前测量底部原始高程。在软基上设置时，应在沉降盘稳定后再测量。

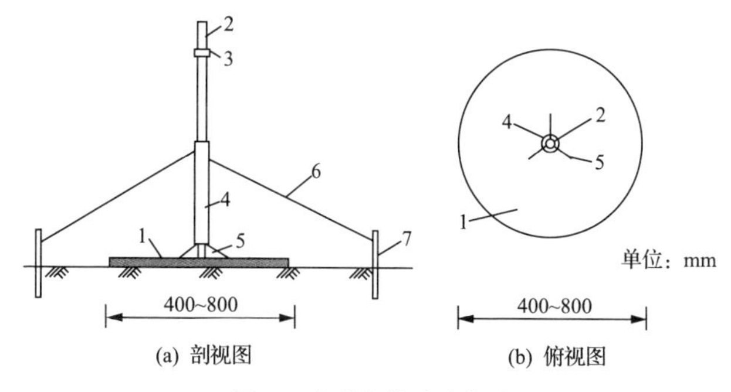

图 2-1　沉降杆构造示意图

1—底盘；2—测杆；3—连接头；4—套管；5—加强筋；6—拉索；7—固定桩

二、排水系统

排水系统包括泄水口、退水沟渠两部分，泄水口按结构可分为敞开式溢流泄水口和闸箱式（含埋管式）泄水口。

1. 泄水口设计要求

(1) 泄水口位置应根据吹填区的地形、地貌、几何形状、泥浆输入速度、排泥管线布置以及对周围建筑物和环境影响等具体情况确定：

1) 应远离排泥出口；

2) 宜布置在泥浆不易流到的死角处；

3) 应远离码头、航道、桥涵、道路、村镇；

4) 宜布设在工农业和生活用水取水口下游较远位置；

5) 应远离养殖场，无法避免时应采取必要的防护措施；

6) 在沿海地区，泄水口还应布设在受涨潮水流影响较小的位置；

7) 泄水口处尾水含泥量应不大于规定的数值。

(2) 泄水口应安全稳固、科学合理、便于施工、易于维护，并能有效调节吹填区水位，拼装式泄水口还应易于拆迁，便于重复使用。

(3) 泄水口型式应根据工程规模、设计要求、现场条件、挖泥船生产能力等因素进行选择，可采用开敞溢流式或闸箱式（含竖井式），对小型工程也可采用堰内埋管式。

表 2-15 泄水口结构型式及水力计算

泄水口型式	水力计算公式	示意图及优缺点
开敞溢流式	$b=\dfrac{KQ(1-P)}{m\sqrt{2gH^{2/3}}}$ 式中：b ——设计堰顶过水总宽度，m； Q ——吹填区泥浆流量，m^3/s； P ——输入泥浆平均浓渡，%； H ——堰顶水头，m，(应根据吹填土颗粒粗细确定，粉质以下颗粒土一般宜控制在 0.15～0.25m，粗颗粒土可略增大)； K ——修正系数，根据经验一般取 1.1～1.3； m ——流量系数，按有关设计手册查取； g ——重力加速度，m/s^2	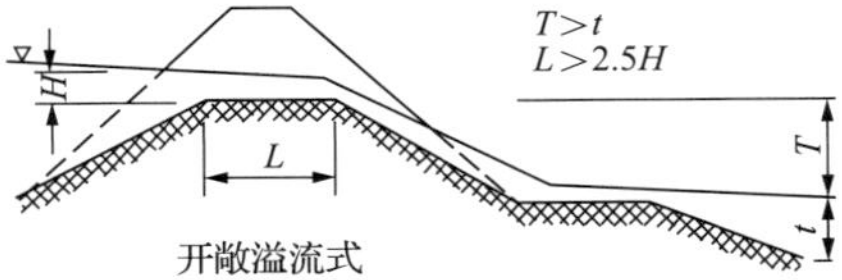 $T>t$ $L>2.5H$ 开敞溢流式 优点：施工方便，造价低，卸流量自动调节； 缺点：对下游易冲刷
泄水闸式	$Q=m_0B\sqrt{2g}H^{3/2}$ 式中：Q ——泄水口流量，m^3/s； m_0 ——流量系数，$m_0=0.402+0.054\times H/P$，一般 m_0 取 0.42，其中 P ——叠梁高度，m； H ——叠梁上水头，m； B ——泄水口宽度，m； g ——重力加速度，m/s^2	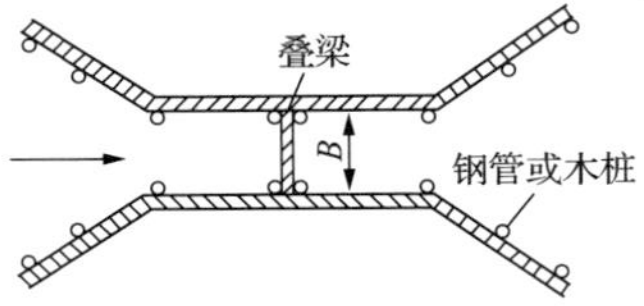 叠梁 钢管或木桩 优点：水位易控制，出水量稳定，不易冲刷堰体； 缺点：施工复杂，管理难度大

续表

泄水口型式	水力计算公式	示意图及优缺点
闸箱式	$Q = m_0 \omega \sqrt{2gH_0}$ 式中：Q ——泄水口流量，m^3/s； m_0——流量系数，$m_0 = \frac{1}{\sqrt{1+\xi+\zeta}}$，其中 ξ——沿程压力损失，$\xi = 0.02L/D$；（L——管道长度，m；d——管道直径，m），ζ——局部压力损失，一般取 0.5； ω——管道面积，m^2； H_0——闸箱水面到管中心水头，m； g——重力加速度，m/s^2	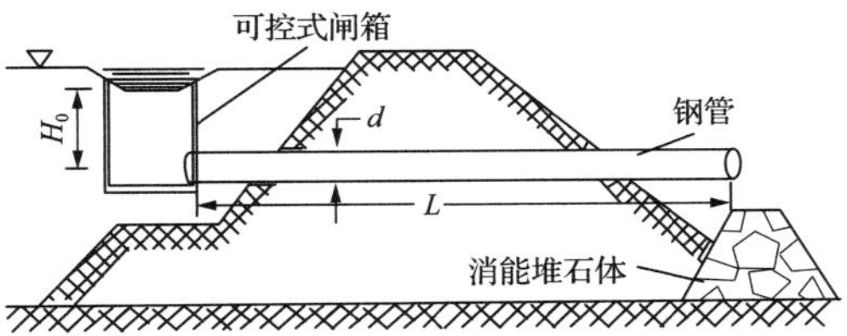 优点：水位可控制，方便交通，使用稳定； 缺点：一次性投资大，造价较贵

续表

泄水口型式	水力计算公式	示意图及优缺点
堰内埋管式	$Q = m\omega\sqrt{2g}(H + iL - 0.86D)$ 式中：Q——泄水口流量，m^3/s； ω——管道进口面积，m^2； H——水头，m； L——管长，m； i——管道坡度； D——管道直径，m； m——流量系数，$m = \dfrac{1}{\sqrt{1+\xi+2gL/C^2R}}$，其中 ξ——进水口阻力系数，取 0.2；C——谢才系数，$C=L/nR^{1/6}$；n——糙率系数，金属管 $n=0.012$；R——水力半径，$R=\omega/S$；W——断面过流面积，m^2；S——湿周，m； g——重力加速度，m/s^2	埋管 H P 优点：施工方便，方便交通，泄流稳定； 缺点：不利于水位控制或调节

(4) 开敞溢流式堰顶高度宜设计成可逐步加高的形式,堰顶过水宽度应满足相应水力计算的要求。

(5) 闸箱式与堰内埋管式泄水口的过水断面面积可按排泥管断面面积的 4~6 倍取值,间歇性吹填的过水断面面积可适当减少。

(6) 开敞溢流式堰表面应有防冲刷措施,外坡脚应有消能设施;对闸箱式泄水口基础应制定防冲措施。

2. 泄水口水力计算及施工技术要点

(1) 泄水口的结构形式及水力计算见表 2-15。

(2) 泄水口施工技术要点见表 2-16。

表 2-16　　　　泄水口施工技术要点

泄水口型式	施工技术要点
开敞溢流堰式	(1) 宜与围堰施工同时进行; (2) 溢流堰顶与围堰堰顶表面和下游面泄槽应铺设抗冲击材料护底。常用的材料有薄铁皮、帆布、丙纶编织布、聚氯乙烯薄膜等。铺设的方法是先从下游开始分条铺设,条与条之间应有足够的搭接长度,且保证上游条压下游条,防止堰面被水流淘刷,连接的两侧进口处用袋装土(或碎石)护砌到设计水面以上; (3) 溢流堰顶应压实平整,护底材料应铺设到堰上游坡面前沿下 0.4~0.5m; (4) 下游护坦长度视地理条件而定,若退水直接进入下游河道且水深较大时,护坦可以不做; (5) 若退水流经滩地后再进入河道,则应在滩地与泄槽连接处做抛石消能设施,以防止淘刷堤脚
闸箱式 堰内埋管式	(1) 地基应夯实,基础应牢固; (2) 堰内埋管与围堰应结合紧密,并设有防止外壁接触渗透和管接头断裂漏水的技术措施; (3) 混凝土埋管应采用柔性接头; (4) 堰内埋管出口与排水沟相接处,应用块石、软体排或竹排、土袋等护底; (5) 采用埋管式泄水口时,排水管应伸进吹填区内并超出堰体不小于 1m,出水端超出堰体 1m 以上

3. 退水沟渠设计与施工要点

(1) 退水沟渠设计:

1) 布置原则。退水沟渠力求短和顺直,充分利用原有的地形、地势、地貌条件,尽可能利用弃土(吹填)区附近原有的排水通道;应通向临近的江、河、湖泊、库,并具有一定的坡降;当吹填区附近无排水通道时,应开挖排水沟或采用机械设备排水与临近的水域沟通;新建排水沟应选择在土质密实、稳定性较好的地段,并应以挖土为主,尽量减少填方段长度及填土高度;应尽量少占农田或不占农田,方便施工并便于维护和管理;设计无要求时,排水沟出口位置应符合规范的有关规定。

2) 过水断面水力计算。退水沟渠过水断面应按照明渠过流条件计算校核,并在各跌水处采取防冲刷措施;退水沟渠过水断面面积可按下式确定:

$$S_g = \frac{nkQ(1-P)}{R^{2/3}J^{1/2}} \tag{2-2}$$

式中: S_g——退水沟过水断面面积,m^2;

R——退水沟水力半径,m;

n——退水沟糙率,可按"水力学糙率表"查定;

J——退水沟底纵向坡度;

k——修正系数,根据经验一般取 1.1~1.3;

Q——吹填区泥浆输入总量,m^3/s;

P——输入泥浆的平均浓度,%。

3) 退水沟渠顶超高值。退水沟渠流量<$2m^3/s$,超高值为 0.35m;退水沟渠流量 $2\sim10m^3/s$,超高值为 0.4~0.6m。

(2) 施工要点:

1) 退水渠与泄水口连接应选择在下游水流较平缓的位置,在泄水槽末端水跃扩散段必要时应修筑临时过水围堰,以减少对退水沟渠的冲刷;

2）退水渠头部应设渐变段，渐变段长度视水量大小而定，必要时应做防冲护坡；

3）渠道土方开挖时应严格控制沟底纵坡及断面边坡的坡度变化，沟壁边坡与沟底应修理平整、密实，对土质松散的区段应采取防护措施，避免冲刷、坍塌情况的发生。

第五节 排泥管线敷设

一、管线布置原则

（1）遵循安全、经济、环保、平顺和易于实现的原则。

（2）平面布置按吹填顺序统筹考虑。

（3）平面布置根据施工船舶的总扬程，取土区至吹填区的距离、地形地貌，施工区的水位或潮汐变化等因素综合考虑确定。

（4）降低与交通及其他施工的干扰，在保证吹填质量的前提下减少安装和拆卸的次数。

（5）根据所架设区域和排压情况选择管线型式和材料规格的要求。排泥管的种类及使用情况见表2-17，常用钢质排泥管的分类及使用范围见表2-18。

表2-17　　常用排泥管道特性

管道类型	优点	缺点	主要使用范围
钢管	耐高压、耐撞击、易修补、价格低	易腐蚀	所有排泥管道
聚胺酯橡胶管	耐腐蚀、耐磨性好、柔韧性较强	价格高、磨阻大、易老化、无法修补	挖泥船吸泥伸缩管、水上浮管、水下柔性潜管
塑料(高密度聚氯乙烯)管	重量轻、磨阻小	易老化、不耐撞击、耐磨性差、修补困难	岸管
尼龙(或改性尼龙)管	重量轻、磨阻小、耐磨性好	易老化	岸管

表 2-18　　钢质排泥管分类及适用范围

类型	优点	缺点	适用范围	常用尺寸/m
法兰式管	可充分利用管道长度	法兰易受损变形、螺栓孔锈蚀扩大、使用较费工时	所有排泥管道	4、6、12
直筒式管	结构型式简单、造价低、拆装方便	需用扩口式胶管连接、管线阻力大、费用高	水上浮管	4、6、12
球形接头式管	抗风浪性强、管线较顺畅	结构型式复杂、造价高、磨阻大、维修量大	水上浮管	12、18、24
承插式(快速接头)管	拆装方便	对场地平整度要求较高	岸管	6、12

二、陆上排泥管

1. 陆上排泥管敷设的技术要求(见表 2-19)

表 2-19　　陆上排泥管敷设技术要求

项目	技术要求
线路选择	(1) 应根据工程具体要求对施工区域进行勘察,并按照减少排距、方便施工、保证安全的原则,确定最优敷设路线; (2) 应选择地势平坦、交通方便的场地、道路、堤岸布置,走向平顺、线路短,避免急弯及大的起伏。宜避免与铁路、公路、水渠及其他建筑物交叉;必须穿越时应事先进行协商征得有关部门的同意,并采取相应的加固措施
管线选择	(1) 敷设前必须对管体进行检查,已破损和严重锈蚀、磨损的管件未经修补不应使用; (2) 排泥管线应按照新旧和磨损程度依次连接敷设,对埋入地下、跨越公路、堤防以及穿越市区、村镇、景区等处的排泥管,要选用较新的管道与管件,并保证接头坚固严密,无漏水、漏泥现象
水陆接头入水角度	(1) 在狭窄水域施工、当挖槽窄长以及挖槽距岸边较近、水上管线活动范围往往较小,为避免浮管出现死弯,入口岸管一般与挖槽方向成 45°左右的角度(见图 2-2); (2) 当水上管线活动范围较大时,入口角度可根据开挖区与水陆接头的相对位置做适当放大,一般应控制在 90°以内

续表

项目	技术要求
水陆接头间距	当开挖段较长，需要敷设一条以上的岸管或设置多个水陆接头时，接头间距可按下式进行控制： $L=K'\times[(0.8L_0)^2-L_1^2]^{1/2}$ 式中：L ——接头间距，m； L_0——浮管长度，m； L_1——开挖中心线到岸边的垂直距离，m； K'——折算系数。双向施工，水陆接头入口角度在90°左右，取2.0；水陆接头入口角在45°左右，取1.5
管道支撑	支撑排泥管的基础、支垫物、支架等必须牢固可靠，不应出现晃动，倾斜等现象
管口位置	应尽量远离泄水口且离开围堰内坡角不小于10m
敷设高程	排泥管在弃土(吹填)区内的敷设高程应高于吹填控制高程，以防止管线在吹填过程中被淤埋
其他	(1) 排泥管口如需加装喷口，喷口直径应通过计算确定； (2) 排距较长、地形起伏变化较大时，除在管线最高处安装呼吸阀外，还应每隔500m安装一个呼吸阀

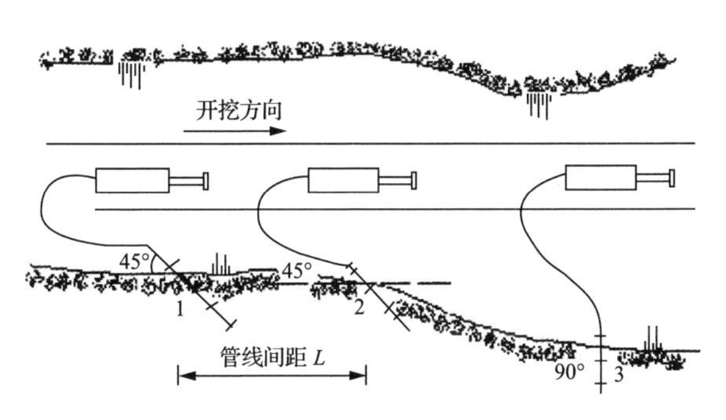

图 2-2　水陆接头布置示意图

2. 特殊情况下的管线敷设

(1) 排泥管穿越较宽沟渠、水塘时，一般应敷设在管架或浮体上。管架的结构型式可参见图2-3。

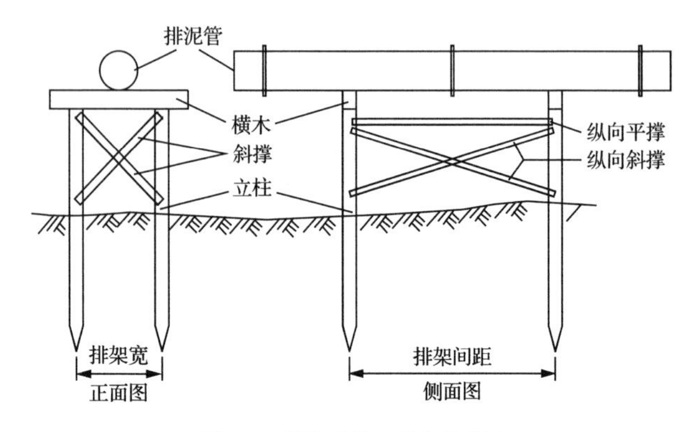

图 2-3 排泥管管架结构示意图

(2) 排泥管必须穿越公路、铁路时应向有关主管部门提出申请,申请中需注明穿越的具体位置、时间与方式,获准后方可实施。排泥管穿越铁路时,宜利用现有涵洞,当埋设在铁路之下时,将钢管管壁、法兰加厚,并加设橡胶软管或在排泥管外加设套管;排泥管穿越公路时,可采用全埋、半埋或明铺、架设管桥等方式,半埋、全埋或明铺穿越时,钢管强度应满足要求,卡接坚固严密并应加装软管。采用架空方式时,管桥的净空应符合国家的公路标准,架空管强度应满足要求;采用半埋或明铺时,管道的顶部和两侧应填土保护,两侧填土的坡度不宜大于 1∶10。

三、水上排泥管

1. 浮管载体的选择

水上浮管可分为载体浮管和自浮式浮管两种,使用最普遍的是载体浮管。载体按其结构和材料的不同,又可分为浮体和浮筒两种。浮筒为一对由钢板焊接而成的柱形载体,浮体则是近些年才推出的具有良好耐久性与抗风浪性能的一种新型载体,其外壳为中密度聚乙烯,内部充填聚氨酯泡沫,克服了普通钢浮筒易腐蚀、破损、进水下沉、体积大、质量重、陆上转移运输不便、维修工作量大等缺点。浮筒与浮体的特性见表 2-20。

表 2-20 浮筒与浮体的特性

型式		结构特点	优点	缺点	适用范围
浮筒	圆柱形浮筒	两端平齐、圆柱形	结构简单、制作方便、造价较低	阻力大，筒上作业不方便	(1) 小型挖泥船；(2) 水流平缓、风浪较小的水域
	舟形浮筒	两端翘起呈舟形	阻力较小	结构较复杂、制作不便、造价较高	大中型挖泥船
	横置浮箱式浮筒	矩形	阻力较小、结构简单、制作方便	材料用量大、造价较高	(1) 大型挖泥船；(2) 水流较急、风浪较大水域
浮体	片式浮体	一节由上下两片组成	抗撞击、拆卸方便、造价较低	结构较为复杂	(1) 大中小型挖泥船；(2) 风浪较大水域；(3) 急流水域使用时需与浮筒进行阻力计算对比
	筒式浮体	整体结构	结构简单	拆装不便	

2. 水上排泥管敷设技术要求(见表 2-21)

表 2-21 水上排泥管敷设技术要求

主要工序	主要技术要求	
管线组装	连接型式	水上浮筒间应采用柔性连接，布设成平滑的弧形以适应水流、风浪的影响
	管道及载体连接	在连接前应对排泥管道、浮筒或浮体进行全面检查，不得使用破损和严重锈蚀、磨损或老化的管件；对破损、漏水、倾斜的浮筒或浮体必须经过修补方可使用
	管道固定	排泥管间及排泥管与浮筒或浮体之间必须连接牢固，以避免泥浆泄漏或浮筒(浮体)窜位与翻转
	安全措施	浮筒之间及船体与船尾后第一组浮筒间应以铁链或钢缆连接，以防止施工过程中排泥管脱开造成海事事故

续表

主要工序	主要技术要求	
管线布置	水陆接头位置和数量选择	选择时既要考虑工程的要求，还应考虑到现场的具体情况，如吹填区形状、岸管的敷设条件、取土区的位置及范围等，水陆接头应尽可能布设在水下地形变化平缓、风浪、水流影响较小的位置
	水陆管线间的连接	应采用柔性连接并作双向固定。柔性管段的长度应根据水位变化幅度确定
	长度确定	水上排泥管磨阻较大，因此在满足工程要求的前提下，应尽可能缩短其长度。一般情况下，水上管线的使用长度可按挖泥船船尾至水陆接头处或与潜管接头处最长直线距离的 1.2～1.3 倍进行控制；在风浪、水流流速较大的施工水域，以 300～500m 长为宜，当实际管线超过 500m 时，部分管线宜采用潜管方式
	水上排泥措施	当直接由浮筒进行水上排泥时，出口处应加装一个 30°或 45°弯管和直径合适的喷口，以减小出口水流对浮管的反向冲击，并增加泥浆落点的距离，避免浮头搁浅或淤埋
	安全措施	水上浮筒夜间每隔 50m 距离应安装一盏中心光强度不低于 3cd 的白光环照灯，浮筒锚应设锚漂显示，锚漂的颜色应鲜艳醒目
	管道固定	浮筒应力求平顺，并抛锚固定。抛锚的数量、角度、位置应合理，避免造成弯多，弯急或胶管形成死弯的情况

3. 管线锚的抛设

(1) 管线锚的选择。锚的种类较多，不同类型的锚对于不同土质具有不同的抓力。在急流或风浪较大水域施工时，管线锚的选择更应慎重，如果选择不当，不仅会影响生产的顺利进行，而且还可能会带来一系列的安全隐患。常用管线锚的技术性能见表 2-22。

表 2-22　　常用锚的技术参数

名称	结构特点	抓重比	适用土质	示意图
浦尔锚(Pool)	锚爪为中空式，结构轻、抓力较大，缺点是锚尖开档大，锚易翻转	6～3	一般性质	
巴尔特锚(Baldt)	锚爪较短、较窄，锚爪上的结构物阻碍入土，锚尖开档较大，锚易翻转。可根据需要对锚爪进行加长与加宽，增加抓重比	4～2	一般性质	
双爪海军锚	结构简单，较稳定，一般不会翻转。土质适应性好，抓力产生快	8～2	一般性质与硬土	
单爪海军锚	结构简单，土质适应性好。一般不可对锚爪进行加大改选，否则可能会产生负爪角，影响入土	4～2	一般性土与硬土	
丹福特锚(Danforth)	为大抓力锚，锚爪与锚杆较长，拉力较大时杆易弯曲，锚爪与锚掌约占锚重的60%。锚掌较低，在硬土上易滑动，难入土	15～7	一般性土	
布鲁斯锚(Bruce)	焊接结构、无活动构件，造价较低。锚爪面积较大，锚杆也可入土。爪与杆均可拆卸、可调整	28	软泥	

(2) 管线锚的数量及锚重配置。管线锚的使用数量及单个锚重应根据施工现场的水文、气象条件以及管线的长度和

吃水情况来确定，锚的间距一般为40～80m，水流流速及风浪较大时，间距应缩小；水流流速及风浪较小时，间距可加大。拟用锚的数量按下列公式计算确定：

$$n = L/L_1 - 1 \quad (2\text{-}3)$$

式中：n ——拟用锚的个数，个；

L ——浮管总长度，m；

L_1——浮管锚拟设置间距，m。

单个锚的重量计算公式：

$$W_1 = K_1 K_2 \rho v^2 A/[1.74 f_m (n+2)] \quad (2\text{-}4)$$

式中：W_1—— 单个锚的所需重量，kg；

ρ——水流的密度，kg·s²/m⁴；

v——水域最大流速，m/s；

A——管线垂直于水流方向的阻力面积，m²；

f_m——拟选锚的抓重比；

K_1——风影响系数，按风向与风力情况取值，取值范围为0.9～1.1；

K_2——管线阻力系数，浮筒可取0.7，浮体取0.85。

(3) 管线锚抛设的技术要点见表2-23。

表2-23　管线锚抛设技术要点

项目	技术要点
抛设方向	应根据水流流向确定。当受潮汐影响为双向水流时，一般需做双侧抛设；为单向水流时，可做单侧抛设。一般情况下锚的抛设方向应斜向河主槽，与流向成一夹角，以防止水流将浮管压向岸边，造成水陆接头处胶管折断。当直接由浮筒进行水上排泥时，浮筒末端可采用打桩或抛设反八字锚等措施进行固定，锚须抛设出足够距离以防止锚或缆绳被弃土埋死。水陆接头处浮管应抛设八字锚，做双向固定
锚的间距	一般为40～80m，水流流速及风浪较大时，间距应缩小；水流流速及风浪较小时，间距可加大
显示标志	浮管抛设应系锚漂指示，锚漂的大小和颜色应鲜艳、便于水面上识别，常用色为红色和白色相间

四、潜管

1. 潜管敷设的条件

(1) 疏浚或吹填工程作业，当排泥管线需跨越通航河道或受工况条件影响时，应采取潜管方式，并制定抗浮措施；

(2)水上浮筒过长，为减小排泥阻力，应敷设潜管。

2. 潜管敷设技术要点(见表 2-24)

表 2-24　潜管敷设技术要点

项目	技术要点
潜管组装	潜管宜采用新管，无法满足要求或工程量较小时，应对拟用管进行全面检查和挑选。潜管以钢管为主并用胶管进行柔性连接；在水下地形平坦且软底质的区域也可采用钢性连接。当采用钢管和胶管连接时单组钢管长度视钢管强度、敷设区地形和组装拆卸条件确定，当河床较平坦时可根据钢管与胶管的长度，由2～4 节钢管加一节胶管组成，在地形变化较大地段胶管应适当加密；钢管强度高，单组长度可长；地形起伏大，单组长度宜短
压力试验	组装时，潜管两端应用闷板密封。潜管组装完后应进行压力试验，试验压力应不小于挖泥船正常施工时工作压力的 1.5 倍，各处均达到无漏气、漏水要求时，方可就位敷设
潜管沉放	(1) 潜管沉放期间有碍通航时，应向当地海事部门提出临时性封航申请，经批准并发布航行通告后方可进行； (2) 潜管沉放应选择在风浪、流速较小时进行，配备的辅助船舶数量充足，各项准备工作充分；潜管一端注水、一端放气下沉时，应缓慢进行； (3) 潜管沉放完毕后，两端应下八字锚固定，入水端设排气阀
安全措施	(1) 跨越航道的潜管，如因敷设潜管不能保证通航水深时，在保证潜管可以起浮的前提下可挖槽设置； (2) 潜管沉放完毕后，应按有关规定在其两端设置明显的警示标志，防止过往船舶在潜管作业区内抛锚或拖锚航行

第三章

工 程 施 工

第一节 分段、分条、分层施工与开工展布

一、开挖方向

在挖泥船的施工环境中分为静水和流水两种，其中流水中受水流影响，非自航挖泥船的开挖方向有顺流与逆流之分，这两种方式各有优缺点，见表 3-1，在施工时应依据具体工况合理选择适当方式。在沿海地区受涨、落潮的影响，水流为双向流，因此在海区作业时应根据潮水对挖槽冲刷的影响合理地选择开挖方向，一般选择顺流历时较长，或对挖槽冲刷作用较大的流向为顺流方向。

二、分段、分条、分层施工

1. 分段施工

分段施工的条件：

(1) 疏浚区域长度大于水上管线的有效伸展长度或大于抛一次主锚所能挖泥的长度；

(2) 挖槽尺度规格不一或工期要求不同；

(3) 设计疏浚区域相互独立；

(4) 疏浚区域转向曲线段；

(5) 纵断面上土层厚薄悬殊或土质出现较大变化；

(6) 受航行或水上建筑物等因素的影响和制约。

分段施工的技术要点：

(1) 区段的划分在满足设计要求的同时，应从提高功效、便于控制等方面进行综合考虑，合理确定。

表 3-1　　不同开挖方向的施工特点

设备类型	顺流施工			逆流施工		
	适用工况	优点	缺点	适用工况	优点	缺点
绞吸式	（1）淤泥质土； （2）质量要求较高项目； （3）工程量较大，挖槽较长的项目； （4）流速大于挖泥船自然条件适应情况表中规定最大流速的60%时	（1）施工超深较小。未被吸走的泥浆可顺流而下，不会回淤到已挖槽内，工程质量较好； （2）有利于引导水流进入挖槽，使挖槽受到自然冲刷，对施工进度和质量有利； （3）对设备安全有利	（1）水上管线布置与定位较困难，管线锚多，移锚和放缆工作量较大、管线弯曲较多； （2）流速较大或流向与挖槽交角较大时易走船位，水上管线易成急弯或死弯； （3）水上管线易压向船体，影响正常施工生产	（1）缓流区； （2）工程质量要求不高的项目	（1）水上管线较易布置，定位锚较少，管线舒畅； （2）船位易控制，摆动较灵活	（1）易在已挖区域内形成回淤； （2）超深较顺流施工要大； （3）水流较大时设备安全性较差
抓斗式	一般情况下均可采用	（1）有利于设备安全； （2）施工质量较易保证		（1）流速很小； （2）水深较浅		（1）水流较大的情况下抓斗抛入水底和起出时易被水流冲入船底、撞击船体； （2）已挖区域易形成回淤

续表

设备类型	顺流施工			逆流施工		
	适用工况	优点	缺点	适用工况	优点	缺点
链斗式	受施工现场地形条件限制，无法实施逆流展布处	未被吸走的泥浆可顺流而下，不会回淤到已挖槽内，工程质量较好	（1）由于控制船位的尾锚缆长度较短，且锚链易陷入泥中，挖泥船横移困难，挖宽也受到限制，水流较大时边线船位不易控制； （2）流速大时不安全，要停工，影响施工进度； （3）产量不如逆流施工； （4）易形成回淤		（1）泥斗充泥量较好； （2）船位易控制、横移较方便、前移距离易控制	易形成回淤，影响施工质量
气动泵	（1）淤泥质土； （2）密实度较低的泥土或砂	挖槽内回淤少，施工质量易控制		采用拖挖法施工时	能利用水流冲力增加铲斗充泥量与挖掘长度，提高挖泥效率	易形成回淤，影响施工质量

续表

设备类型	顺流施工			逆流施工		
	适用工况	优点	缺点	适用工况	优点	缺点
铲斗式	一般条件均可	（1）挖槽内回淤少，施工质量易控制；（2）水流对铲斗有推力，挖掘较省力	无背度装置时则不能造成背度角，影响铲斗充泥量和挖掘长度	一般条件均可	能利用水流冲力自行达成较好背度角，增加铲斗充泥量与挖掘长度，提高效率	易形成回淤，影响施工质量
水力冲挖机组	削坡作业时	能利用水流冲力增加破土力	生产效率较逆流施工低	一般挖槽作业时	生产效率较高	易在已挖槽内形成回淤，影响施工质量
索铲	一般条件均可	（1）水流冲力有助于下铲，生产效率较高；（2）可避免在已挖槽内形成回淤，施工质量易保证		（1）流速很小；（2）水深较浅		（1）下斗时水流对铲斗产生阻力，影响生产效率；（2）易在已挖区域内形成回淤，影响施工质量

(2) 两段之间应重叠一个长度，以确保搭接处的施工质量。相邻两段的重叠长度受土质、水文、土层厚度等诸多因素影响，应根据每个工程的具体情况制定。对质量要求较高的工程应进行实地测量，测量困难时或质量要求不高时，按下列条件确定：

单向开挖：>1.5 倍土体分层开挖厚度；

双向开挖：>0.3 倍船长。

2. 分条开挖

分条开挖的条件：

(1) 疏浚区横断面土层厚薄悬殊；

(2) 挖槽横断面为复合式；

(3) 疏浚区宽度大于挖泥船一次最大挖宽；

(4) 工期要求不同；

(5) 应急排洪、通水、通航工程。

分条开挖的技术要点：

(1) 采用钢桩定位的绞吸式挖泥船，其分条宽度宜等于钢桩中心到绞刀水平投影长度；分条的宽度应介于挖泥船一次开挖的最大宽度与挖泥船的最小挖宽，当挖泥船处于流水中作业时，应根据水流的具体情况(流速、流向)适当调整开挖宽度，流速较大时应减小分条宽度；绞吸式挖泥船一次开挖的最大宽度一般为船长的 1.1～1.2 倍，最小宽度等于挖泥船前移换桩时所需要的摆动宽度或船首两侧浮箱外角不碰到岸坡时的最小宽度。

(2) 链斗式挖泥船分条宽度应根据主锚缆抛设长度确定，对 $500m^3/h$ 挖泥船挖宽宜控制在 60～100m 范围内，对于 $750m^3/h$ 的挖泥船宜控制在 80～120m 之间，在浅水区施工时，分条最小宽度应满足船舶作业与泥驳绑靠和回转所需水域的要求。

(3) 抓斗式挖泥船分条最大宽度不得超过抓斗吊机的有效回转半径；在流速较大的深水区挖槽施工作业时，分条宽度不得大于挖泥船船宽；在浅水区施工时分条最小宽度也应满足挖泥船作业与泥驳绑靠和回转所需水域的要求。

(4) 铲斗式挖泥船分条宽度应根据铲斗的回旋半径和回转角确定。挖硬质土时回转角应适当减小，挖软泥时可适当增大，但最大不应超过 120°，防止前桩单侧受力过大。

(5) 分条施工时应按照“远土近送，近土远送”的原则，宜从距排泥区较远的一侧开挖，依次由远到近分条施工。

3. 分层厚度与前移距离控制

挖泥船前移距离及一次开挖厚度是影响生产效率和施工质量的两个关键性因素，应综合确定，一般应通过试挖确定。前移距离及分层厚度一般工况下可见表 3-2。

表 3-2　　分层厚度及前移距离控制

<table>
<tr><th colspan="2">船型</th><th>分层厚度/m</th><th>前移距离/m</th><th>说明</th></tr>
<tr><td rowspan="2">普通绞吸式</td><td>带钢桩台车</td><td>0.5～2.0 倍绞刀直径</td><td rowspan="2">0.5～0.8 倍绞刀直径</td><td rowspan="16">坚硬土取较低值，松软土取较高值</td></tr>
<tr><td>不带钢桩台车</td><td>0.5～1.5 倍绞刀直径</td></tr>
<tr><td colspan="2">斗轮绞吸式</td><td>0.5～1.5 倍斗轮直径</td><td>1/3～2/3 倍斗帮长度</td></tr>
<tr><td colspan="2">链斗式</td><td>1～2 倍斗高</td><td>0.3～2.0</td></tr>
<tr><td rowspan="2">抓斗式</td><td>≤2m³</td><td>1～1.3</td><td rowspan="2">0.5～0.7 倍抓斗张开宽度</td></tr>
<tr><td>2～8m³</td><td>1.3～2.0</td></tr>
<tr><td colspan="2" rowspan="4">铲斗式</td><td colspan="2">背度挖掘法</td></tr>
<tr><td>1.8～2.0 倍斗高</td><td>1.5～2.5</td></tr>
<tr><td colspan="2">水平挖掘法</td></tr>
<tr><td>2.0 左右</td><td><5</td></tr>
<tr><td colspan="2">水力冲挖机组</td><td>1.0～2.0</td><td>—</td></tr>
<tr><td colspan="2" rowspan="4">气动清淤泵</td><td colspan="2">洞挖法</td></tr>
<tr><td>—</td><td>0.7～1.3 倍孔径</td></tr>
<tr><td colspan="2">拖挖法</td></tr>
<tr><td>0.5～1.5 倍铲斗高</td><td>0.5～0.8 倍铲斗宽度</td></tr>
</table>

4. 开工展布

开工展布是指挖泥船开工前的诸多准备工作，包括定位、抛锚，架接水上、水下及岸上排泥管线等。进行定位方法有很多种，目前很多已采用 GPS 来定位，特别是近海航道，其方法简单易行、精度高，是今后发展的主要方向。下面就

表 3-3 常用挖泥船开工展布技术要点

船型	进点定位	锚缆布置	
		技术要点	示意图
绞吸式	(1) 采用钢桩定位时，当挖泥船被拖至距离挖槽起点 20～30m 时，通知拖轮将航速减至极慢，待船基本停稳后，如为逆流进位可先下放绞刀至水底，暂时固定住船位后，再放下一根定位桩，并抛设左右二个边锚；如为顺流进位可先放下一根定位桩，再抛设左右两个边锚。船位固定好后再逐步将挖泥船调整到位。下放一根定位桩前必须先测量定位桩处水深，确认安全后方可落下，土质松软时需缓降。	(1) 采用钢桩定位施工时，一般只需抛设左右横移锚即可，但必须抛设牢固，锚缆一般应抛到距开挖边线 20m 以外处，锚缆的方向以不背不吊为原则，与船首夹角(船体在开挖中心线时)以 80°～90°为宜，逆流施工时，横移锚的超前角不宜大于 30°落后角不宜大于 15°。	0 挖泥船 流向 浮筒
	(2) 锚缆定位施工时，待船基本到位并停稳后，如为逆流进位可先放下绞刀至水底，再抛设主锚、边锚和尾锚；顺流进位时可先在距挖槽起点 150m 左右处抛设尾锚，然后绞锚将绞刀调整到起点位置。下放绞刀固定好船位后，再抛设边锚和首锚，抛锚结束后再逐步将挖泥船调整到位	(2) 采用锚缆定位施工时，首锚锚缆长度宜控制在 500～700m，在船首前 80～100m 处设置一条托缆小方驳。尾锚锚缆长度一般可控制在 200～300m，边锚应抛到距开挖边线 50m 以外处，具体应根据锚的类型与工况条件确定，首、尾锚缆的方向应与挖槽中心线平行。边锚锚缆与船体纵轴线的夹角(船体在开挖中心线时)一般以 60°～80°为宜	拖缆驳 0 挖泥船 流向 浮筒

续表

船型	进点定位	锚缆布置		
		技术要点		示意图
抓斗式	（1）抓斗式挖泥船进点定位有逆流进位顺流施工、顺流进位顺流施工和逆流进位逆流施工三种方式。进点定位时，可利用抓斗作临时固定，根据水流、风向和开挖方向等具体情况，依次抛锚展布； （2）如果开挖区流急、水深、风强，船位用抛斗不易固定时，可先在附近缓流区、浅水区或风浪较小的区域抛斗定位，然后抛出顶水锚，再绞锚缆进位； （3）在码头处疏浚时，可先将挖泥船停靠码头，再进行抛锚	（1）在双向流水域，挖泥船一般设首锚 1 只、左右边锚各 1 只、船尾抛八字锚 2 只，当流速较大时，尾部可抛设 3 只锚； （2）在单向流水域，流速较大时，挖泥船一般布设尾锚 1 只、尾边锚 2 只，船首抛八字锚 2 只； （3）开挖滩地，当挖槽的一侧有岸滩或陆地时，可埋设地垄代替抛锚	主锚缆长度一般为 200～300m，急流区或底质松软时可加长到 300～400m，有条件时可一次抛足长度，减少移锚次数。边锚一般应抛出挖槽边线外 100m 左右	

续表

船型	进点定位	锚缆布置	
		技术要点	示意图
链斗式	（1）挖泥船被拖到或自航到挖槽起始点位置附近时，如为逆流进位，可先下放斗桥至河底临时固定船位，再依次抛主锚、尾锚和边锚； （2）顺流进位时可先在距挖槽起点 200m 左右处抛设尾锚，然后通过收绞或放松锚缆将船首调整到起点位置，下放斗桥将船体固定后，再抛设边锚和首锚。抛锚结束后再逐步将挖泥船调整到位	链斗式挖泥船施工一般需布设 6 只锚，即首锚 1 只、尾锚 1 只、左右边锚各 2 只	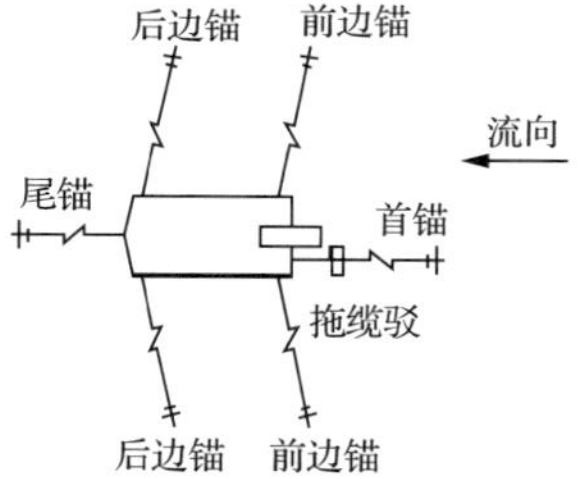 后边锚 前边锚 流向 尾锚 首锚 拖缆驳 后边锚 前边锚
铲斗式	（1）一般情况下可采用定位桩定位，即当挖泥船基本到位后，先放下定位桩，然后利用铲斗及前后桩校正船位，最后放下二前桩定位； （2）在风强流急的情况下，可将锚缆和定位桩配合使用； （3）在土质坚硬，如开挖碎石，用定位桩很难定位时，可将桩升起，抛设首锚一只，前后边锚各二只，采用五锚法定位	锚缆布置可参照链斗式挖泥船	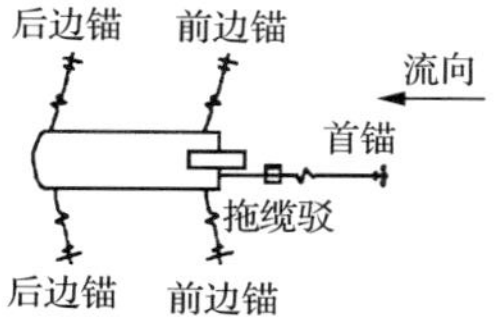 后边锚 前边锚 流向 首锚 拖缆驳 后边锚 前边锚

常用挖泥船的开工展布主要技术要点见表 3-3。

5. 索铲施工展布

索铲就位施工前一般需进行走行线修筑、挡淤堤修筑、防洪平台与停机坪修筑以及弃土坑开挖等工作，索铲施工技术要点见表 3-4。

表 3-4　　索铲施工展布技术要点

主要工作内容	技术要点
走行线修筑	(1) 走行线应力求平整，并具有足够的承载能力，走行线的承载力与土质和土壤的含水率密切相关，修筑前应通过土工试验确定； (2) 一般需高出水面 1.5m； (3) 外边线距开挖边线不小于 1.5～2m
挡淤堤修筑	(1) 为防止索铲弃土中泥浆流回挖槽及冲刷走行线，影响施工质量与设备安全，施工前须修筑挡淤堤； (2) 挡淤堤高度应与弃土量相适应，顶宽一般为 0.5m。挡淤堤中心线与走行线间距离除应满足机身回转、弃土半径与弃土容量的要求外，还应使牵引绳与挡淤堤在卸泥时不受影响
防洪平台修筑	(1) 在汛期有可能被淹没的地段，要根据施工进度和水文资料，预先沿河堤每隔一段距离填筑一座防洪平台，以确保洪水来临时设备能够迅速、安全地转移到防洪平台上； (2) 防洪平台顶部高程要高于设计防洪水界位
弃土坑开挖	当弃土地势较高、开挖方量较大或在索铲走行线的起始与末端弃土场容量不足时，可预挖弃土坑，弃土坑的开挖可与挡淤堤的修筑相结合

第二节　疏浚工程施工

一、一般规定

(1) 应严格遵守施工合同的规定，按照规范、规程、设计图纸及施工组织设计的要求组织施工。

(2) 施工中应遵守国家和地方法律法规中有关施工安

表 3-5 绞吸式挖泥船的施工方法

施工方法		方法要点	适用范围	优点	缺点	示意图
常用施工方法	主副桩横挖法	以一根钢桩为定位主桩，另一根钢桩为副桩，主桩前移时始终保持在挖槽中心线上	对不同土质及质量的工程均适用	开挖质量好，不易漏挖或重挖	操作较双主桩横挖法复杂	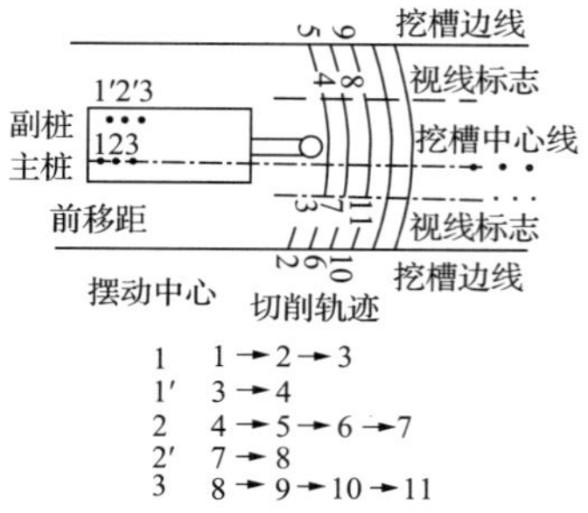 挖槽边线 视线标志 挖槽中心线 视线标志 挖槽边线 副桩 1′2′3 主桩 123 前移距 9 5 8 4 11 7 3 10 6 2 摆动中心 切削轨迹 1 1→2→3 1′ 3→4 2 4→5→6→7 2′ 7→8 3 8→9→10→11
	双主桩横挖法	以二根钢桩轮流作为摆动中心	适用于挖掘松散土壤，对挖槽质量较高的工程不宜使用	操作简便	由于摆动中心不一致，造成两侧重挖与漏挖	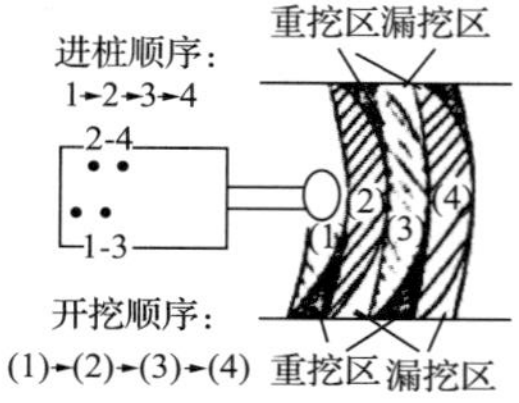 进桩顺序： 1→2→3→4 2-4 1-3 重挖区漏挖区 (1) (2) (3) (4) 开挖顺序： (1)→(2)→(3)→(4) 重挖区 漏挖区

续表

施工方法		方法要点	适用范围	优点	缺点	示意图
锚缆施工方法	四锚横挖法	挖泥船抛主首锚 1 只,前边锚 2 只,后边锚 1 只,利用船尾水上管线作后边锚,以首锚为摆动中心	(1) 有主、边锚缆绞车的挖泥船; (2) 流速较大,流向与挖槽方向基本一致	(1) 抗风浪; (2) 水流适应性好; (3) 挖宽较钢桩定位横挖法大	(1) 占用施工区域大,对交通有一定影响; (2) 挖泥船平面位置控制精度差; (3) 操作复杂; (4) 劳动强度大	托缆驳 0 挖泥船 流向 浮筒
	五锚横挖法	挖泥船抛首锚 1 只及边锚 4 只,以主锚为摆动中心	(1) 有主、边锚缆绞车的挖泥船; (2) 风浪较大内陆水域; (3) 流速较缓内陆水域	(1) 抗风浪; (2) 水流适应性好; (3) 挖宽较钢桩定位横挖法大	(1) 占用施工区域大,对交通有一定影响; (2) 挖泥船平面位置控制精度差; (3) 操作复杂; (4) 劳动强度大	托缆驳 0 挖泥船 流向 浮筒
	六锚横挖法	挖泥船抛首、尾锚各 1 只,边锚 4 只,以首锚为摆动中心	(1) 有主、边锚缆绞车的挖泥船; (2) 受潮汐影响的水域			托缆驳 0 挖泥船 流向 浮筒

续表

施工方法		方法要点	适用范围	优点	缺点	示意图
特殊施工方法	浅区落桩法	先以钢桩定位横挖法向前开挖生产，当前进大半个船位时，向后退回一个半船位，再向前开挖，如此反复循环。退船位可采用旋摆法	（1）需赶潮施工的工程； （2）开挖区域较软弱，易出现漏桩情况而无法到达设计深度的工程； （3）设计开挖深度超过挖泥船最大挖深，且水深有一定变化的工程	克服了传统赶潮施工法（六锚横挖法）的缺点	每次退船后均需开挖船槽，土质较硬时生产效率受影响	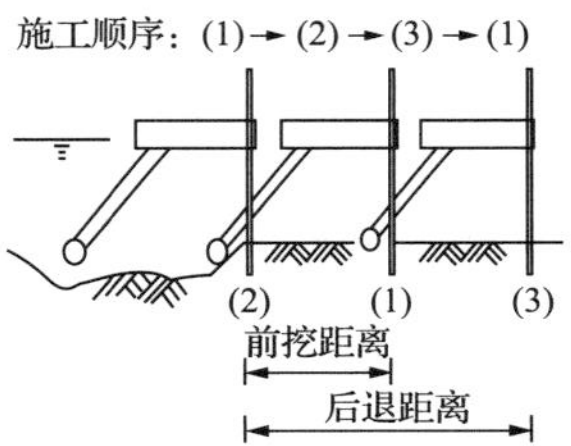 施工顺序：(1)→(2)→(3)→(1) (2) (1) (3) 前挖距离 后退距离
	定位桩台车快速换桩法	始终以 1 根钢桩定位开挖，前移时以刀头定位，提起定位桩，收回台车后落桩，前移	仅适合带定位桩台车的挖泥船，且为逆流开挖，侧向风浪较小的水域	操作简单，生产效率高	受风浪，水流方向影响较大，船位易发生偏离	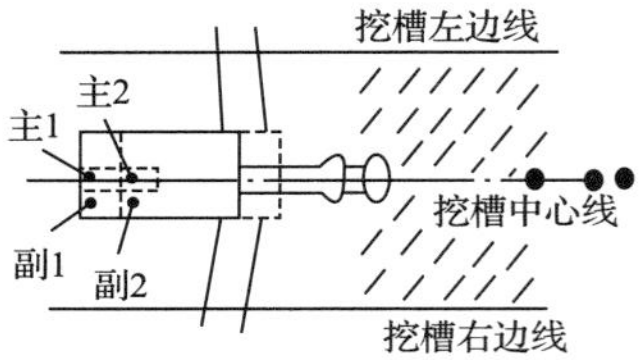 挖槽左边线 主2 主1 挖槽中心线 副1 副2 挖槽右边线

全、环境保护、水土保持的规定，并采取相应的保障措施。

(3) 应定期检查、校正船上各类仪器仪表和用于施工控制的测量仪器、工器具，保证其完好和精度。

(4) 作业前应通过试生产确定最佳的船舶前移量、横摆速度、挖泥机具下放深度和排泥口吹填土堆集速度等技术参数。

(5) 应及时、准确、完整详尽地做好施工记录，并由现场责任人签证确认。

二、施工方法

(1) 针对不同挖泥船的特点，表 3-5～表 3-9 介绍了其各自的施工方法。

表 3-6　　抓斗式挖泥船施工方法

施工方法	生产要点	适用范围	优点	缺点
排斗挖泥法	由外向里依次下斗，每完成一个挖宽后，前移船位，进行下排开挖，斗间和排间需重叠一定宽度	土质密实度一般，且土层较厚，质量要求较高的工程	(1) 操作方法简单、连贯； (2) 开挖质量易于控制	土质出现变化时，斗间与排间重叠宽度要随时调整，生产效率与质量受到影响
梅花形挖泥法	挖泥时不连续下斗，斗与斗之间留有一定的间隔，前移之后，挖第二排斗时，在原第一排两斗之间下斗，使所挖泥面呈梅花形的土坑	土质松软，泥层厚度小的工程	超深小	土质不均匀时，开挖质量不易控制
切角挖泥法	从土层堑口处起挖，由里往外排斗，使每斗抓到堑口	坚硬土质	生产效率高	易发生翻斗情况
留埂挖泥法	挖泥时不连续进关。而是跳一关，退一关，间隔开挖	坚硬土质	生产效率高	操作复杂，易出现超挖和漏挖

表 3-7 链斗式挖泥船施工方法

施工方法		方法要点	适用范围	优点	缺点
常用施工方法	斜向横挖法	挖泥船纵向中心线与挖槽中心线成一较小角度横移	(1) 水域及水文条件较好，挖泥船不受挖槽宽度和边缘水深限制； (2) 开挖质量较高的工程	挖掘阻力小、充泥量足，挖边缘时易达到质量要求，斗链不易脱缆出轨	操作较复杂
特殊施工方法	平行横挖法	挖泥船纵向中心线平行于挖槽中心线而横移	流速较大的水域	水流适应性好	泥斗充泥量少，横移阻力大
	扇形横挖祛	挖泥船首部横移，尾部基本不动	适宜在挖槽狭窄，边界处水深小于挖泥船吃水的情况	操作方法简便	挖宽小
	十字形横挖法	挖泥船中部基本保持在原地，船首向一边横移，船尾向另一边横移	挖槽边缘水深小于挖泥船吃水，挖槽宽度小于挖泥船长度		操作方法复杂，两侧绑靠的泥驳受水深限制

表 3-8 铲斗式挖泥船施工方法

施工方法	方法要点	适用范围	优点	缺点
背度挖泥法	转盘式固定吊杆挖泥船在铲斗下放后，利用背度绳尽量将铲斗向后拉向船体，形成一个背度角（一般为 13°～15°），利用船体的重量推压铲斗，切入河底进行挖掘	较厚土层，层厚可达 3～4m	生产效率较高	易产生一定超深

续表

施工方法	方法要点	适用范围	优点	缺点
水平挖掘法	全(半)旋转台式挖泥船在切削过程中,随时推压铲斗,使铲斗轨迹保持水平	(1)开挖质量较高的工程; (2)爆破后的碎石层	开挖质量好	操作较复杂,挖掘厚度受限制

表 3-9　　气动泵施工方法

施工方法	方法要点	适用范围	优点	缺点
洞挖法	采用梅花形布置洞位,边挖边下放气动泵,达到要求深度后,移至下一洞位	(1)松散的砂; (2)流塑性淤泥; (3)密实度较低的泥土; (4)土层内障碍物处	(1)操作方法简单; (2)生产效率较高	土质不均匀时,开挖质量不易控制
交叉洞挖法	挖完一洞后,跳挖下一洞,待洞壁浸水松软,坍塌后再开挖未挖洞穴	砂质黏土	生产效率较高	定位精度要求较高
拖挖法	在泵口处加装铲刀和牵引缆绳,铲刀通过牵引开挖土层	密实度较高的泥土、砂以及黏性土	开挖质量较好	操作方法较复杂

(2)两栖式清淤机施工方法。两栖式清淤机是一种水陆两用疏浚设备,一般采用退步法施工,即在挖完船前方可挖范围内的泥土后,向后倒退一定距离,再继续进行下一步挖掘。当挖槽宽度小于设备最大挖宽时,采用退步法单向作业;当挖槽宽度超过设备最大挖宽时,采用单侧卸土双向作业。两栖式清淤机的前移或后退一般采用爬行的方法,不同的地形条件采用不同的爬行方式,见表 3-10。

表 3-10　　　　两栖式清淤机爬行方式

地形条件		爬行方式	说明
地势平缓场地		两腿爬行	(1) 爬行时严禁用挖掘装置助爬，以免损坏铲斗和臂杆； (2) 支腿的旋转不可转到极限位置
坡地	$\alpha \leqslant 15^{\circ}$	四支腿爬行	
	$15^{\circ} < \alpha \leqslant 25^{\circ}$	支腿卷扬交替助爬	
	$25^{\circ} < \alpha \leqslant 30^{\circ}$	先修坡，后视坡度大小选择爬行方式	
	$\alpha > 30^{\circ}$	另选地点	

(3) 水力冲挖机组、水力冲淤船施工方法。采用水力冲挖机组、水力冲淤船进行诱导性疏浚时，施工技术要点见表3-11。

表 3-11　　水力冲挖机组、水力冲淤船施工技术要点

项目	技术要点
作业时机	宜在洪水期进行，并采取“峰前诱导拉砂，峰后诱导归槽”的作业方法
作业方向	(1) 应分段实施； (2) 流速较大且船体不易控制时宜自下而上进行； (3) 流速较小时可自上而下进行
喷水方向	(1) 主河道清淤时，水枪应尽量接近河床，射流方向应尽可能与主流方向一致； (2) 封堵叉道串沟时，射流方向应与水流方向相反
挖泥船行进速度	作业时行进速度应视水流条件而定： (1) 流速较大时，船应慢速行驶； (2) 流速较小时，船速应快

(4) 索铲施工方法。索铲是一种用钢索提拉铲斗的土方挖掘机械，适用于小型河道、水渠、基槽等的开挖、疏浚，可自一岸开挖或两岸对挖成河。一般采用由近而远，先挖水上、后挖水下的开挖顺序，即先挖前一停机位置，再挖坡脚线附近部分、后挖河中部分、最后挖靠近机身的边坡部分。对塌坡严重的地段，应采用由远至近的顺序施工，并尽量在远处提斗。索铲施工常用方法见表3-12。

表 3-12　　索铲施工方法

类型	方法要点	适用范围
牵引甩斗法	在卸土回转过程中，收紧牵引绳将泥斗拉向机身，当回转到挖泥位置时，将牵引绳突然放松，靠泥斗重量摆向远处下斗	开挖河(渠)槽远处按回转落斗法开挖挖不到的部分。要求操作人员须确熟练的操作技术和丰富的经验
惯性抛斗法	在卸土回转时，放松牵引绳，利用机械回转的惯性将泥斗抛到远方要开挖的位置上	
回转落斗法	卸土后回转到开挖位置并停止转动，然后落斗进行开挖	开挖机身附近在回转半径内的土方

(5) 挖泥船的工作效率及其影响因素。绞吸式挖泥船因其工作的连续性，使其生产成本在所有的挖泥船中最低，工作效率最高，所以在疏浚吹填的工程中，绞吸式挖泥船的使用率最高，下面就影响挖泥船工作效率的主要因素作简要介绍。

1) 机械的运行状态。绞吸式挖泥船机械设备均为单台设置，任何一台运转机械出现故障必将导致该台设备运转状态的停止，从而影响全船施工状态的正常运行。而机械设备的良好运行状态除了设备自身的良好率外还与操作人员对其负荷、速度和运行条件的调整有关。

2) 合适、均衡的泥浆浓度。所谓泥浆浓度具体指输送的泥土含量，泥土含量是提高小时工作效率的关键参数，泥浆浓度也取决于全船的运行状态、绞刀的泥土切削量。同时还必须兼顾泥泵的输送能力和可能出现的吸排泥管的堵塞等因素作出的最佳匹配。

3) 有效的运行挖泥时间。有效的运行挖泥时间即有效利用时间，又称运转时间。挖泥运转时间与施工阶段时间之比称为时间利用率：

时间利用率＝挖泥运行时间/施工阶段总时间×100％

时间利用率是一个反映绞吸式挖泥船施工经济效益的重要统计指标。在施工周期内，减少非有效挖泥时间的占用与保持均衡的泥浆浓度对提高工作效率有同等重要的意义。

4）外界条件对施工的影响程度。

5）辅助工作的快速、准确、一次成功性。

三、挖泥船施工技术与工艺

1. 施工机具的选择

不同类型的挖泥机具对不同的土质都有其各自的适应性和局限性，针对每个工程项目的自身特点如何合理选择疏挖设备十分重要，因此在施工中应根据疏浚土的可挖性和可输送性选择不同的挖泥机具，以提高挖泥船生产效率。绞吸式与抓斗式挖泥船挖泥机具可参照表3-13进行选择，抓斗式挖泥船抓斗斗齿种类及其适用范围见表3-14。

表3-13　挖泥机具选用

土类	绞吸式挖泥船	抓斗式挖泥船
淤泥，淤泥质土，松软土、松散砂	冠型平刃绞刀	大斗容平口斗
黏土、亚黏土、中等密实土、砂	冠型方齿绞刀、斗轮式绞刀、冲水式绞刀	带齿抓斗
硬质土	冠型尖齿绞刀、斗轮式绞刀、冲水式绞刀	重量较大，斗容较小的全齿斗
紧密砂、砾石、风化岩石	冠型活络齿绞刀	重型活络全齿斗

表3-14　抓斗斗齿种类及其适用范围

齿型	钝齿形	利齿形	齿形	錾形	锥形
图示					
适用土质	$N<4$，特别适用于软泥、粉质土等	$4<N<15$，黏土、粒径均匀的细砂等	软泥、粉质土、爆破后的碎块石或混凝土等	$15<N<40$，密实砂、硬塑黏土、崩塌后的软砂岩、风化岩等	$15<N<40$，密实砂、硬塑黏土、崩塌后的软砂岩、风化岩等

注：N——标准贯入击数。

2. 施工工艺的选择（见表3-15）

表 3-15 施工工艺选择参考

施工工艺	淤泥	流砂	淤泥质黏土	砂土	硬质土
绞吸式	(1) 绞刀选用低转速、流塑性淤泥也可不转； (2) 前移距离、横移速度及一次开挖厚度可加大； (3) 流塑性淤泥可定吸	(1) 绞刀选用低转速； (2) 可定吸	(1) 绞刀选用高转速； (2) 横移速度宜慢； (3) 排泥管中流速宜高	(1) 绞刀选用低转速； (2) 前移距离、横移速度及一次开挖厚度需控制、不宜过大	(1) 绞刀转速不宜高； (2) 前移距离、横移速度需减小
抓斗式	(1) 宜采取梅花形下斗挖泥法； (2) 快放斗、快合斗、慢提斗	(1) 宜采取梅花形下斗挖泥法； (2) 快放斗、快合斗、慢提斗	(1) 宜采取排斗挖泥法； (2) 快放斗、慢合斗、快提斗	(1) 宜采取排斗挖泥法； (2) 快放斗、快合斗、快提斗	(1) 宜采取切角或流埂挖泥法； (2) 慢放斗、慢合斗、慢提斗
链斗式	斗速可加快	斗速可加快	斗速应降低	斗速可加快	斗速应控制在最慢
铲斗式	(1) 梅花形下斗挖掘； (2) 快挖、慢起	(1) 梅花形下斗挖掘； (2) 快挖、慢起	(1) 慢挖、快起； (2) 每次开挖厚度与每斗装斗量适当减少； (3) 斗间重叠宽度适当减少	(1) 采取排斗挖掘法； (2) 快挖、快起	(1) 采取隔斗挖掘； (2) 慢挖、快起

3. 高岸土开挖

在一些疏浚与吹填工程中常会遇到水上方开挖，如开挖运河、船坞、切割引航道边滩等，存在抛锚、横移作业困难和高边坡坍塌安全等问题，坍塌土过多不仅会掩埋机具，还会产生不利的冲击波，造成破坏。

施工中采取的主要技术措施有：

(1) 水上方超过 4m 时，应先采取措施降低其高度，然后再开挖，以保证安全。常用的方法有陆上机械开挖降低高度、松动爆破预先塌方降低高度。

(2) 开挖分层的厚度要合理，在保证挖泥船吃水与最小挖深的情况下，尽量减少第一层的开挖厚度。

(3) 挖泥船每次前移距离与开挖厚度要小于正常值，通过减少前移距离和开挖厚度的方式，以减小土体的坍塌量。

(4) 变通条开挖为短条开挖，以减少两侧土体坍塌对挖泥船造成的冲击，并减小横移拉力。

(5)在受潮位影响的区域施工，要利用高潮位时开挖上层，低潮位时再开挖下层；上层开挖要尽量安排在白天通视条件较好时进行。

(6)应加强船头与岸上的观察，掌握土体的坍塌规律，发现问题，及时采取避让措施。

四、环保疏浚

环保疏浚技术作为湖泊河流污染综合治理技术体系的重要组成部分，是环境工程技术之一，是底泥污染控制的一项十分有效的措施。

1. 环保疏浚与普通疏浚工程的区别(见表 3-16)

表 3-16　　环保疏浚与普通疏浚工程的区别

项目	环保疏浚	普通疏浚
目的	清除河道、湖泊受污染底泥	开辟具有一定尺度的水域或改善水域条件
生态要求	为水生物恢复创造条件	无
疏浚范围	依受污染底泥的分布而定，一般不开挖未受污染的土层	满足设计要求的尺度

续表

项目	环保疏浚	普通疏浚
疏浚土土质	一般为流塑状淤泥	复杂多样
疏浚土厚度	一般小于 1m	一般大于 1m
施工精度	允许超深值一般仅为 0.1m 左右	允许超深一般在 0.4m 左右
疏浚设备	环保船,设备配置自动化,精确程度要求高	普通挖泥船
泥浆扩散	开挖过程有严格要求	基本无要求
底泥处置	泥、水根据受污染程度进行不同的特殊处理	泥、水分离后作一般性堆置
余水排放	要求较高,余水中不同污染物的含量一般都有明确要求,污染物总含量一般要求控制在200mg/L	无规定或仅要求余水中泥浆含量
工程监控	专项分析、严格控制	一般性常规控制

2. 环保疏浚的技术特点

由于环保疏浚的主要目的是去除污染底泥,因此疏浚深度一般小于 1m。相比于普通的疏浚工程来讲,环保疏浚属于“薄层疏浚”。为了尽量不破坏正常底泥层,同时减小疏浚工程量,在环保疏浚的勘测、施工过程中要求提高相应的精度。一般平面精度小于 1m,垂直精度小于 0.1m。另外,由于底泥中含有大量细小颗粒,在施工过程中要采取有效途径来控制污染底泥的扩散和输送过程中的二次污染。

3. 环保疏浚设备

与传统的疏浚设备相比,环保疏浚设备具有以下明显的特点:

(1) 疏浚设备外形尺寸小,可陆运,一般设计最大挖深不超过 15m;

(2) 挖掘生产率一般不超过 500～600m^3/h;

(3) 疏浚设备配备较高精度的挖深控制及平面定位系统;

（4）具有防止二次污染的功能。

环保疏浚设备的组成：一般环保疏浚设备由水下污染物的挖掘设备、输送设备、二次污染扩散控制设备、挖泥精度控制设备等部分组成。另外，有些环保疏浚设备还配备了污染物的后处理设备，如净化、干化和资源化利用设备等。

4. 环保疏浚工程施工技术

环保疏浚工程大多采用绞吸式挖泥船进行施工，施工技术要点见表 3-17。

表 3-17　环保疏浚技术要点

主要工序	技术要点	目的
设备配置	采用定位桩台车系统	提高开挖精度与泥浆吸入浓度
	采用环保性绞刀头或在普通绞刀头上安装环保防污罩	防止泥浆扩散、减少开挖过程中的二次污染
开挖区防护	挖泥船周围需根据水流流向或风向等具体情况设置防污帘	
底泥开挖	（1）采用差分全球定位系统(DGPS)进行平面定位	提高平面定位精度
	（2）设立高精度水位遥报系统	提高竖向定位精度，减少对未污染土层的破坏，提高疏浚的有效性
	（3）提高挖泥船深度指示器精度	
	（4）采用剖面仪	
	（5）建立电子图形系统和污染底泥三维数据模型	
	（6）在设备性能允许的前提下尽量提高泥浆的吸入浓度	减少余水排放和处理量
	（7）以较低的绞刀转速生产，必要时可刮吸或直吸	减少对底泥的扰动，减少开挖过程中的二次污染
底泥输送	排泥管出口处安装泥浆扩散与减速装置	减小泥浆在排泥场内的流速，加快沉淀速度
	远距离输送采用封闭式接力	避免输送过程中的二次污染

续表

主要工序	技术要点	目的
排泥场设置	排泥场内设置子堰或篱笆墙	延长泥浆流程、降低泥浆流速，促使泥浆在排泥场内沉淀
	排泥场底部为透水层时应在底部采取铺设防渗膜等措施	避免对周围地下水造成污染
余水排放	采用投放化学药品促沉的方法进行余水处理，投药工艺以排泥管内投药为主，并通过实验确定能够满足要求的投药参数。当后期排泥管口距泄水口较近，靠投药仍不能满足余水排放指标时，应立即停机，并在泄水口附近和排水渠内进行紧急投药。用药品有聚丙酰烯胺及硅藻土等	促使泥浆沉淀，减少余水中污染物的含量
	常在排水渠口外围设置防护屏	防止污泥在受纳水体中扩散

五、疏浚土的处理

疏浚土是通过疏挖设备将被疏浚工质排送至纳泥区的工作介质，针对不同的工程项目疏浚土的处理方式也不尽相同。疏浚土处理包括疏浚土弃土方式和疏浚土处理方法。

1. 弃土方式

疏浚弃土根据不同的工程目的、不同的地形地貌、不同的环境条件和不同的挖泥船类型可分为多种方式，见表3-18。

表3-18　　疏浚土弃土方式

弃土方式		适用范围	技术要求
水下弃土	深海弃土	(1) 沿海港口、航道和大中型河道入海口疏浚整治工程； (2) 对于疏浚弃土中含有有毒有害物质时，应采用陆域弃土方式，以便对有害物进行有效控制	弃土时应采用GPS海上定位系统准确定位，开底式卸泥或用管道排泥

<table>
<tr><th colspan="2">弃土方式</th><th>适用范围</th><th>技术要求</th></tr>
<tr><td rowspan="2">水下弃土</td><td>河道深槽排泥</td><td>（1）疏浚区离河道深槽较近，离陆域较远或陆域无可利用的弃土场的情况；
（2）弃土区及其周围有水质要求，弃土污染会影响水生动、植物生长繁衍，不应选择河道深槽排泥方式</td><td>（1）排泥区的容量应大于设计弃土总工程量，且卸泥后不能影响河槽的行洪断面和通航要求；
（2）当用泥驳或自航式挖泥船抛泥时，排泥区所需最小水深应满足有关规定；
（3）采用管道水下排泥时，应防止锚缆和管道口淤埋，有通航要求的河道，水面浮管及作业船舶不得影响正常通航，否则应采取必要避航措施；
（4）卸泥区周围须设置明显标志，标示出卸泥范围与卸泥顺序，以利于作业时控制</td></tr>
<tr><td>浅滩弃土</td><td>（1）疏浚河段岸滩宽阔，地势平坦，疏浚开挖区离拟定的弃土区应大于500m；
（2）采用绞吸（斗轮）式挖泥船或水力冲挖机组进行开挖施工；
（3）开挖弃土余水不会造成弃土区周围的环境污染</td><td rowspan="3">（1）需按有关规定修筑围堰、泄水口、排水渠等；
（2）对余水排放有要求时，应采取相应措施，使余水排放满足规定的要求；
（3）具体施工技术可参照吹填工程施工相关技术要求</td></tr>
<tr><td rowspan="2">陆域弃土</td><td>弃土造地</td><td>（1）待疏浚区域附近有可利用的空闲地；
（2）待疏浚区域附近有可以修筑围堰的低洼地、取土坑；
（3）待疏浚区域附近有可利用现有堤防和周围可形成部分天然屏障的丘壑区；
（4）废弃的河汊等</td></tr>
<tr><td>堤防内外填塘淤背</td><td>（1）待疏浚区域附近堤防外有低洼坑塘；
（2）待疏浚区域附近有需加固堤防</td></tr>
</table>

2. 处理方法

疏浚弃土处理根据不同的土质、环境以及使用需求可分为疏浚土的利用和疏浚土的改良两大类。一般处理的原则是:总的处理费用低,资源占用少,尽量减少对环境的污染和对自然生态的影响(若不可避免地对周边环境产生影响,则应在上报环保部门后,在专业技术人员的指导下采取相应措施)。

(1) 疏浚土利用。主要指采用陆域弃土方式时,用疏浚弃土来吹填低洼地和废弃的坑塘,以及工农业、生活、交通、旅游、环保用地,或利用疏浚土充当建筑材料、肥料等。

1) 作填料。填堵低洼地、取土坑和废弃的河汊、水塘等。

2) 作肥料。当弃土的有机质含量大于10%时,可采用脱水固化方法,将弃土作肥料使用。

3) 作建材。当弃土的黏粒含量大于30%时,可利用弃土料烧制土砖或用作防渗填料。

4) 筑台地。当弃土为黏性的团状结构时,可堆筑人工假山或台地;砂性或混砂黏性弃土可根据需要用来填筑工农业生产、生活、交通及环保等用地。

(2) 疏浚土改良。疏浚土改良的目的一是使弃土尽快密实,弃土场地得到重新使用;二是对含有有毒有害物质的弃土进行隔离、覆盖,防止其有害物质扩散而污染环境。

1) 密实法(此法适用于良性疏浚土):

①对于砂性弃土而言,经搬运搅动和水力冲填后比较容易密实,通常采用直接排水法、振动密实法、化学或水泥灌浆法等方法来加速弃土的密实;

②对于颗粒较细的淤泥和黏性弃土,可根据不同的使用要求,采用不同的密实固结方法,如堆载排水固结法、真空预压法、附加荷载法、电渗法和化学稳定法。

2) 隔离法(此法适用于含有害物质的疏浚土):

①对于含有有毒有害物质的弃土的堆放场地首先应保证四周围堰的安全牢固,防止溃坝或泥浆溢流造成污染物扩散。

②应让污染泥浆在弃土场内充分沉淀。使余水排放符合国家与地方有关环境保护的要求与规定。国内外对弃土

场的余水排放要求与规定大都由当地政府部门根据本地条件和需要制订，尚无统一标准，测定余水质量的参数也不一。我国主要采用余水中悬浮颗粒浓度(g/L)作为水质控制标准。

③对排水固结后的弃土表面用自然土覆盖，以利于土地重新使用。

第三节 吹填工程施工

一、一般规定

(1) 吹填施工应对进度、质量、安全进行全过程监控，施工中重点对吹填流失量与沉降量进行观测，统筹协调施工船舶作业、排泥管线布设、围堰及排水口的施工；

(2) 吹填距离超过吹填施工船舶的最大合理排距时宜采用接力泵以增加施工船舶的最大输送距离；

(3) 吹填管线的规格和质量应适应吹填土质、流量和排压的要求；施工中应对管线进行跟踪检测，因磨耗致管线质量难以满足吹填要求时，应提前修补或更换。

二、吹填施工分类

根据施工设备和吹填土的输送方式的不同，可将吹填施工分为管道直输型和组合输送型。具体介绍见表 3-19。

表 3-19　　吹填施工的分类

施工方法		方法要点	方法特点	适用范围
管道直输型	单船直输型	吹填土的开挖和输送由绞吸式挖泥船直接完成	开挖、输送、填筑三道工序连续进行，生产效率高、成本低	土源距吹填区较近，运距在绞吸船的正常有效排距之内的工程
	船泵直输型	在排泥管线上装设接力泵，由绞吸式挖泥船开挖取土，输送则由接力泵辅助完成		土源距吹填区较远，运距超过绞吸式挖泥船的正常有效排距，且水上运距不太长(小于2km)的工程

续表

施工方法	方法要点	方法特点	适用范围
组合输送型	先由斗式挖泥船开挖取土，再由驳船运送到集砂池，最后由绞吸船（或吹泥船、泵站）输送到吹填区	开挖、输送、填筑三道工序由多套设备组合完成，工序重复，生产效率低，成本较高	土源距吹填区较远，且水上运距较长的工程

三、一般原则

(1) 吹填施工应根据合同要求和疏浚取土区与吹填区距离选择吹填方法和配置设备。施工前应结合施工现场条件和工程特点在施工组织设计的基础上细化取土、吹填和管线架设方案，并应符合下列规定：

1) 设备选择应根据工程规模、吹填厚度、施工强度、排距、吹填土挖掘输送难度和吹填区容量、平整度要求等因素综合考虑确定；

2) 取土区的分区、分层应按照泥泵处于效率高的工作区域且吹填土质满足工程要求，根据施工设备性能、输泥距离远近分配、土质分布等因素确定；

3) 吹填区的分区、分层应按照保证吹填质量和工期要求、低成本和方便施工的原则确定；

4) 输泥管径可根据泥泵性能、吹填土质和排距选择，由于不同土质在流体中的沉淀的临界流速不同，因此在选择排泥管管径时要考虑诸多因素的影响。排距远且输送细颗粒土时可选用较大口径的管线，输送距离短且输送粗颗粒砂石时宜选用较小口径的管线。

(2) 在软基上进行吹填，应根据设计要求和现场观测数据，控制吹填加载的速率。

(3) 吹填施工在下列情况下应分区实施：

1) 工期要求不同时，按合同工期要求分区；

2) 对吹填土质要求不同时，按土质要求分区；

3）吹填区面积较大、原有底质为淤泥或吹填砂质土中有一定淤泥含量时，按避免底泥推移隆起和防止淤泥集中的要求分区。

（4）吹填施工在下列情况下应分层实施：

1）合同要求不同时间达到不同的吹填高程时；

2）不同的吹填高程有不同的土质要求时；

3）吹填区底质为淤泥类土，吹填易引起底泥推移造成淤泥集中时；

4）围堰高度不足，需用吹填土在吹填区分层修筑围堰时。

（5）当吹填土质为中粗砂、岩石和黏性土时，可采取下列辅助措施：

1）管线进入吹填区后设置支管同时保留多个吹填出口，各支管以三通管和活动闸阀分隔，吹填施工中各出口轮流使用，吹填施工连续进行；

2）必要时，配置整平机械设备。

四、施工顺序

吹填工程一般都设有多个吹填区，需要对吹填顺序进行合理安排。吹填施工顺序可参照表3-20执行。

表3-20　吹填施工顺序

施工方法	吹填顺序	适用范围	目的
单区吹填	从离泄水口较远的一侧开始	工程量较小；吹填土料为粗颗粒	降低吹填土流失
多区吹填	从最远的区开始，依次退管吹填	吹填区相互独立的工程	充分发挥设备的功率
	先从离泄水口最远的区开始，依次进管吹填	多个吹填区共用一个泄水口的工程	增加泥浆流程，减少细颗粒土的流失
	两个或两个以上排泥区轮流交替吹填	吹填土质为细粒土且在排泥主管道上安装带闸阀的三通时	加速沉淀固结，减少吹填土流失

五、造地吹填

造地吹填施工方式见表 3-21。

表 3-21　　造地吹填施工方式

吹填方式	适用范围	技术要求
一次性吹填到设计高程	围堰够高度，且在非超软地基上吹填的一般性工程	按常规要求进行
分层吹填	(1) 围堰不够高，需要分期修筑时； (2) 在淤泥等超软地基上吹填	分层不宜过厚，施工时应根据设计或试验确定，第一层高度宜高出最高水位 0.5～1.0m，其后逐层加高，每层厚度宜控制在 1.0m 左右，以避免地基出现较大的沉陷或隆起，使其能够均匀沉降、逐步密实

六、堤防吹填工程及水工建筑物边侧吹填施工方法

1. 堤防工程吹填技术要点

分堤身两侧盖重、平台吹填和吹填筑堤工程等，其施工技术要点为：

(1) 吹填区宽度一般都较狭窄、吹填厚度也较薄，应采用敷设支管及分段、分层吹填的方法，分层厚度一般不宜超过 1.0m；

(2) 水面以上部分应分区、分层间歇交替进行，分层厚度应根据吹填土质确定，一般宜为 0.3～0.5m，对黏土团块可适当加大，但不宜超过 1.8m；

(3) 每层吹填完成后应间歇一定时间、待吹填土初步排水固结后，才可继续进行上层吹填。

2. 水工建筑物边侧吹填

分船闸两侧吹填、码头后侧吹填、挡土墙后侧吹填。其施工技术要点为：

(1) 一般情况下应在建筑物的反滤层、排水等完成后方可进行；

(2) 施工前必须对建筑物的结构型式、施工质量等进行充分了解，并制定出相应的施工技术措施，以确保建筑物的稳定与安全。具体施工技术措施要求是：

①一般应采用分区、分层交替间歇的吹填方式，分区应以建筑物分缝处为界，分层厚度宜控制在0.3～0.5m；

②应从靠近建筑物的一侧开始，以便使粗粒土沉淀在靠近建筑物处。排泥管口距反滤层坡脚的距离一般应不小于5m，并需对反滤层的砂面做防冲刷处理；

③应先填离退水口较远处及低洼地带，排泥管出口位置应根据吹填情况及时进行调整，需要时应在出口处安装泥浆扩散器，以保证土质颗粒级配均匀，防止淤泥塘的形成；

④施工中应对填土高度、内外水位，以及建筑物的位移、沉降、变形等进行观测，建筑物内外水位差应控制在设计允许范围之内，必要时可采用降水措施。当发现建筑物有危险迹象时，应立即停止吹填，并及时采取有效措施进行处理。

第四节　特殊工况施工

一、潜管

1. 潜管施工特点

疏浚或吹填工程施工作业，当遇到排泥管线需要跨越通航河道或受水文气象条件影响较大，水上浮筒不宜过长时应敷设潜管。潜管的下潜是通过向管内注水，使管线总重量大于所受浮力来实现的；上浮则是通过将管内的水排除（通常是通过空压机向管内注入压缩空气排水），使管线所受浮力大于其总重量来完成。潜管施工时应向有关港口、航运监督部门书面申请，在征得相关部门的同意后方可实施。潜管类型及其各自施工特点见表3-22。

2. 潜管作业的要求

(1) 潜管布置的要求

1）潜管组装布设前，应对预定下潜水域进行水深、流速和水下地形测量，根据地形图确定潜管组装形式、长度、端点站位置，并制订下潜计划；

2）潜管宜布置在水流平稳、水深适中、河槽稳定、河床变化平缓的区域内。

表 3-22　　　　　　　　潜管类型及特点

分类依据	潜管类型	优点	缺点	适用范围
下潜、上浮方式	自浮式	自动化程度高，劳动强度小，下潜与上浮快	造价及使用费用高	有航行要求的水域
	半自浮式	造价及使用费用低	自动化程度低，下潜与上浮慢、劳动强度高	无航行要求的水域，或对航行影响很小且潜管长度较短的工程
组成	刚性	结构简单，造价低	对地形适应性较差，下潜与起浮不方便	施工区水下地形较平整且水位变化不大的水域
	柔性	对地形适应性较强，下潜与起浮方便	结构较复杂，造价高	一般情况下均适用

(2) 潜管组装的要求：

1) 潜管宜按钢管、胶管相间进行柔性连接，组装时，潜管两端应用闷板密封。在河床较平坦时，可根据钢管与胶管的长度，由 2～4 节钢管与胶管组装，在地形变化较大的地段胶管数量应适当加密。

2) 潜管宜采用新管，无法满足或工程量较小时，应对拟用管进行全面检查和挑选，严禁使用法兰变形、管壁较薄、管壁上有坑凹的钢管和脱胶、老化、有折痕的胶管。

3) 潜管两端上、下坡处应安装球形接头或胶管。

4) 潜管起、止端应设置端点站并配备充排气、排水设施和闸阀等。

(3) 潜管的敷设和拆除的要求：

1) 潜管组装完成后应进行压力试验，试验压力应不小于挖泥船正常施工时工作压力的 1.5 倍，各处均达到无漏气、漏水要求时，方可就位敷设。

2) 潜管在敷设或拆除期间有碍通航时，应向当地海事部门提出临时性封航申请，经批准并发布航行通告后方可进行。实施时应设警戒船临时封航，潜管沉放完毕后，两端应下八字锚固定，并按有关规定在其两端设置明显的警示标志，防止过往船舶在潜管作业区抛锚或拖锚航行。

3）潜管敷设应选择在风浪、流速较小时进行。敷设潜管时配备的辅助船舶数量应充足，各项准备工作应充分。

4）跨越航道的潜管，如因敷设潜管不能保证通航水深时，在保证潜管可以起浮的前提下可挖槽设置。

5）潜管起浮时宜采用充气排水法。

6）潜管下沉或充气上浮时，均应缓慢进行。

3. 潜管作业技术要点

潜管作业技术要点见表3-23。

表3-23　　潜管作业技术要点

名称	作业技术要点
防驼峰措施	挖泥船开机前应打开端点排气阀排气，开机时必须先以低速吹清水，确认所有情况正常后再开始提高转速，以避免排气不彻底而造成驼峰，影响潜管与过往船只的安全
防潜管堵塞措施	（1）施工过程中凡需停机时必须先吹清水，以防管道中的泥沙在潜管汇聚，造成管线堵塞，吹清水时间以排泥管口出现清水时为准； （2）凡因故障停机，在恢复作业前应先低速吹清水，用清水将管道中（特别是潜管内）沉积的泥沙带走，待确认管线疏通后方可正常作业，以确保管线的安全； （3）施工中应特别注意观察各相关仪表的变化，防止因吸入泥浆浓度过高造成潜管堵塞
潜管防淤埋措施	潜管在易淤区域作业时应定期进行起浮，以避免潜管被严重淤埋、无法起浮而造成不必要的财产损失
潜管防破坏措施	施工中应特别注意观察各相关仪表的变化（主要是真空表、排压表和泥泵主机的排气温度），开挖泥层不宜太厚，防止泥土坍塌堵塞吸泥口，引起真空的急剧变化而产生水锤，使潜管遭到破坏

二、接力泵施工

绞吸式挖泥船以及吹泥船、水力冲挖机组的扬程或排距不能满足工程需要时，可采用将几台泥泵用排泥管串联起来同时工作的接力方式进行解决。

1. 接力输泥方式

接力方式有多种,各有其优缺点,具体参见表3-24,除在人口稠密区为减少占地、节省征迁费用应采用直接串联式外,其他情况下应根据现场的场地条件、操作人员的技术水平、通信联系条件、经济性等多方面进行考虑,综合选择。

表3-24　　远距离输泥接力方式

接力方式		技术要点	优点	缺点
封闭式	近距接力	用很短的管道将前一台泥泵的出口与后一台泥泵的吸口直接联通	泥泵较集中,便于操作和管理,可根据不同排距的需要,较为方便地将一台或多台泥泵接入或脱离	接力泵的出口扬程是两台泥泵扬程的叠加,排压大幅度增高,接力泵后排泥管承压大、易破损
	远距接力	接力泵与挖泥船用较长距离的管道直接联通	挖泥船泥泵所产生的水头有一部分已消耗在排泥管路中,接力泵吸口处压力较低,排压接近自身所产生的压力,整条排泥管线的沿程压力变化比较均匀	操作难度大、管理不便,需要增添通信及其他监控设施
开敞式		在输泥路径上设集浆池,前一台泥泵将泥浆输送到集浆池中后,再由后一台泥泵从池中吸排泥浆。两泵靠集浆池连接	能充分利用集浆池的储浆能力,前后泥泵可根据集浆池中液位的高低独自运转,减少相互的影响,提高泥泵的利用率	由于需要修筑集浆池将导致成本变高,前一泥泵的余压得不到充分利用,能耗高
混合式		在接力系统中同时采用封闭与开敞二种接力方式。一般在第一级接力中采用开敞式后面各级接力采用封闭式	同时具有封闭式与开敞式接力的优点	同时具有封闭式与开敞式接力的缺点

2. 接力输泥技术

(1) 接力泵选型。所选择的接力泥泵要与船泵的性能特别是流量及 $Q\text{-}H$ 特性要相同或尽可能接近，如差别太大，将导致其中一台或多台泥泵的功率不能得到充分发挥，从而使整个接力系统不能同步运行。

(2) 接力系统布置。接力泵站的布置没有硬性的规定，既可布置在水上，也可布置在岸上。岸上接力泵站是较常使用的布置方式，选择岸上布置时接力泵站的位置要通过现场勘察、综合比对来选定，一般应设在交通便利、场地开阔、地基密实之处。基础应稳定、牢固，其不均匀沉降应控制在允许范围之内，基础结构应经过受力计算确定。当采用封闭式接力时，须符合下列要求：

1) 接力泵吸入口压力一般应保持在一个大气压左右，最低不得小于 50kPa，在吸管上要安装真空压力表，如果压力出现非正常变化，操作人员要及时采取措施，避免产生安全事故，特别是在人口密集区这一点尤为重要；

2) 为了方便管线的布设，接力站(船)泥泵吸入口管与工作船输泥管线的连接应采取柔性连接；

3) 接力站(船)前输泥管线上应设来水监控阀，接力泵站间管线上应装设呼吸阀，接力站后排泥管线高于接力泥泵出口时必须在站后排泥管线上装设止回阀，以防止接力泵突发故障停机时排泥管线中泥浆倒流对泥泵产生冲击，同时还可方便泥泵检修。

(3) 集浆池修筑。集浆池是开敞式接力系统中重要的临时设施之一，其修筑标准一般应按照下列要求进行：

1) 集浆池平面宜为矩形，以利进池泥浆流动，宽长比宜控制在 1∶1.15～1∶2.0 之间；

2) 集浆池有效容积应合理选定，一般可按 0.25 倍进池泥浆小时流量进行设计，池顶应留有 0.5m 的富余高度，并设标尺进行控制，以防止泥浆漫溢；

3) 池底应为斜坡式，坡向接力泵吸入口，以利于泥浆向吸口处自然流动；

4）池底板一般宜为混凝土，池壁宜采用浆砌石护坡，以防止进池水流对池底和池壁造成冲刷，发生坍塌事故；

5）进池排泥管口应布置成对冲式，吸泥管应布置在集浆池最低处，并应位于进口管泥浆喷射范围之内，接力泵与吸口之间的管路应尽量缩短，以保证泥浆的顺利吸排；

6）池顶部需配置一定数量的冲砂水枪，以冲洗沉积的泥沙。

（4）系统作业：

1）施工期间工作船与接力站（船）须建立可靠的通信联系，挖泥船启动前应先通知各接力泵站，待接到回复后方可启动；

2）挖泥船结束作业时应继续泵清水，直至排泥管口出清水时止；

3）凡因故障停机，在恢复作业前应先低速泵清水，待确认管线畅通后，泥泵主机方可提速，进行正常施工作业；

4）封闭式接力时接力站（船）泥泵吸入前应安装真空压力表进行观测与控制（主要是控制泥泵转速），以保证接力系统正常运转；

5）封闭式接力时对吸入泵即第一台泥泵的启动速度应进行控制，以消除或减弱其对接力泵所造成的冲击。启动时间一般控制在2min左右；

6）封闭式接力中途放泥时应对各放泥点的放泥量进行计算，保证放泥后在放泥点以下的主管及支管中的泥浆流速不低于临界流速，下一接力泵的入口压力不低于50kPa。

三、其他形式的特殊工况

（1）岩石施工应综合分析岩石性质和设备性能决定施工方法；中等风化岩和强风化岩宜用大型绞吸挖泥船直接开挖，少量的强风化岩也可用大型抓斗和铲斗挖泥船开挖，微风化、未风化的岩石应进行预处理。挖泥船开挖岩石应满足下列要求：

1）挖泥船结构强度能承受挖岩引起的震动和冲击；

2）选择专用的高强度高耐磨挖掘机具并备有充足的备

件，绞吸挖泥船绞刀不少于3个，抓斗挖泥船重型抓斗不少于2个；

3）绞吸式挖泥船视需要采取安装格栅、防石环等措施；

4）挖岩过程中加强对疏浚设备和机具的检查与维护。

（2）若土质为高附着力的黏性土时，绞吸式挖泥船宜采用大开档的冠形方齿绞刀；链斗式挖泥船宜在泥井内设冲水装置；斗式挖泥船应选用开体泥驳运泥且及时抛泥，不得压舱。

（3）施工土质中含有大量漂石时应选用斗式挖泥船施工；使用绞吸挖泥船施工时，应安装格栅和防石环并采用大的前移距、大的一次挖泥厚度、绞刀低转速、低横移速度的操作方法，遇到大块的漂石宜采用抓斗挖泥船或铲斗挖泥船单独清理。

（4）维护性疏浚工程施工应符合下列规定：

1）应加强维护区域水深监测及变化趋势分析，确定维护的最佳时间；

2）应根据维护工程量、土质类别、分布情况和港口航道营运情况等选择经济适用、干扰小、效率高的施工设备进行施工；对于常年维护的大型航道，宜选用大舱容的耙吸挖泥船进行施工；

3）以风浪掀沙、潮流输沙为主的回淤性港口、航道宜在大风季节可作业条件下集中施工，也可在大风季节之前按设计要求完成备淤深度的施工；

4）以河流汛期携带泥砂为主的回淤性港口、航道宜在洪水季节集中施工；当航槽比较稳定时，也可在洪水季节之前按设计要求完成备淤深度的施工；

5）枯水期可能出浅的内河航道，宜在枯水期来临之前突击疏浚避免浅段出现，有条件时也可在疏浚的同时借助水流的冲刷和挟沙能力提高疏浚效果；

6）航道和港口内出现多个浅区或浅段时，应根据浅区的碍航程度，安排维护疏浚的顺序。按照同步增加浅滩水深的原则，可先疏浚最浅地段，后疏浚次浅地段；

7）在有骤淤出现或回淤较集中的区域，施工时可增加备淤深度，以确保通航水深；

8）回淤比较严重的区域，可选择合理位置开挖截泥坑拦截浮泥或截留底部输移的泥沙。

第五节 淤泥处理施工

一、淤泥处理技术要点

（1）对于非流动状态的淤泥，可采取自然晾晒、井点降水、插排水板、真空降水等措施降低含水率，然后采用碾压、强夯、真空预压、堆载等压密方式物理固结；也可采用添加材料将清出淤泥改性方式化学固结。

（2）处于流动状态的淤泥，如渗透性较好，在用地宽松，工期要求不要的情况下，可吹填至围堰后存放，通过重力沉淀、表水溢流、表层晾晒、软基处理等方法进行处理；如清出淤泥渗透性差，在用地紧张、工期较短的情况下，可采取机械脱水或化学固化处理。

（3）对污染的淤泥，可采用机械脱水或化学固化处理后封闭填埋。

（4）采用真空预压等物理固结处理的，应特别注意在淤泥堆场布设降水设施时的作业安全及堆泥场周边安全防护措施；采用化学固化处理的，其化学添加剂应符合国家及地方相应环保标准；采用机械脱水处理的，尾水排放应特别检测 pH 值是否达标。

二、淤泥处理后应符合的要求

（1）淤泥含水率降至 65%以下并保证淤泥上行人能够安全通行，无安全隐患；

（2）遇水不造成环境污染；

（3）满足具体淤泥处理路径的需要。

淤泥处理、尾水排放应符合《农用污泥中污染物控制标准》（GB 4284—1984）、《土壤环境质量标准》（GB 15618—1995）及《污水综合排放标准》（GB 8978）的要求。

第六节　排泥场运行管理

一、尾水排放的要求

（1）施工期间应加强尾水排放的控制，当设计有具体要求时，应按照要求控制好尾水中的泥浆浓度。当无具体要求时，尾水中的泥浆含泥量不应超过3%。

（2）当尾水可能对环境产生污染时，应当采取排水防污染措施。

（3）施工期间应分阶段定期在泄水口取样，检测分析并计算各阶段泄水中工质浓度及土方流失量，采样的时间与密度应根据具体情况确定，采样应有代表性。

（4）对吹填土粒径与级配有明确要求的工程，应将不符合设计要求的细颗粒土分离出去，吹填土中不合格粒径所占比例应控制在设计允许范围内。

二、吹填作业注意事项

吹填施工时，应建立有效的通信方式，并由专人值班，加强对施工现场的巡视，随时掌握工程进度、质量、土方流失以及围堰和排水系统运行情况，发现问题及时联系处理，保证施工作业的协调，且应符合下列要求：

（1）围堰沿线应备足土源、草袋或编制袋、塑料膜或土工布，当围堰受冲刷时，应及时进行防护。

（2）应密切观察和定期检测围堰高度与边坡的变化，发现有较大沉陷和滑坡时，应及时加高和修复。

（3）吹填期间发现较大的泄漏和溃决险情时，应及时通知停机并进行抢修。

（4）泄水口溢流堰顶的高度应根据吹填进度和尾水中的泥浆浓度逐步加高。

（5）应随时观察排水沟的排水情况，发现淤堵、泄漏时，应及时进行疏通和修理。

第七节 施工现场管理

一、一般规定

(1) 施工现场管理的内容应包括工程施工的合同、组织、进度、质量、安全、成本、信息、环境保护等管理内容,现场管理机构应根据管理目标和现场具体条件制定相应的管理制度、保证措施和应急预案等,并确保其得到落实。

(2) 疏浚与吹填施工应严格执行施工合同,施工过程中设计发生重大变更或施工条件发生重大变化时,施工合同和施工组织设计应作相应调整;工程进度、质量与合同规定产生较大差异时,应采取相应的组织和技术措施直至满足合同要求。

(3) 疏浚与吹填施工应按施工组织设计要求落实工艺措施;实施过程中出现偏差应及时分析、找出原因、采取相应弥补措施。制定并执行滚动计划,确保各项管理目标得以实现。

(4) 疏浚与吹填工程的计费工程量、计划施工工程量和实际发生的工程量应分别计算:选择疏浚设备、安排工程进度时应以计划施工工程量为依据;进行施工分析和技术总结时应以实际发生的工程量为依据;计费应以合同约定的工程量或合同约订的计算方法计算所得工程量为依据。

(5) 挖泥船的工时统计分析应符合现行行业标准 SL 17—2014 的有关规定。

二、质量管理

(1) 施工现场应建立质量管理机构,明确质量管理目标,建立质量管理制度并制定质量保证措施,对施工质量进行有效控制;工程质量应满足合同要求。

(2) 疏浚工程挖槽平面控制应满足下列要求:

1) 挖泥船施工定位采用的仪器及定位系统应符合规格书的精度要求,并定期进行校验。施工期间应定期对挖泥船定位系统进行检查、校准。

2）挖泥定位应符合下列规定：

①配置实时定位和显示系统的挖泥船作业时连续显示船位；

②绞吸挖泥船的定位钢桩保持在预先设计的参考线上；

③采用导标控制挖泥船船位时，导标灵敏度满足工程精度要求，施工中按规定及时对标校准船位；

④采用光学仪器交会法定位时，控制点和使用的仪器经校验并保持合格，交会角度及交会点位精度满足工程要求；

⑤非连续定位时，船位校核时间间隔视施工进度、定位精度要求和现场条件确定。

3）具有挖泥剖面显示功能的绞吸挖泥船，宜利用计算机的图形显示进行控制，不分台阶直接按设计的边坡开挖。开挖基槽和岸坡应严格控制超挖。

4）链斗挖泥船和绞吸挖泥船应根据挖泥船斗桥或绞刀桥架性能放缓纵坡来确定开挖起点位置。

5）采用分段、分条施工时，应保持适量重叠，不留浅埂。

（3）疏浚工程挖槽深度控制应满足下列要求：

1）施工期间应定期对水尺、验潮仪、实时潮位遥报系统进行校核。

2）施工前应校验挖泥船的挖深指示标尺和仪器，施工中应定期校核，挖深指示精度应满足要求；实际挖深指示应根据挖泥船的吃水变化进行修正。链斗挖泥船挖深指示标尺和仪器，应根据斗链的磨损情况增加修正值。抓斗挖泥船在流速较大的地区施工时，应根据抓斗漂移情况修正平面位置和下放深度。

3）施工时应根据土质、泥层厚度、波浪和水流条件、挖泥产生的残留层厚度，施工期可能出现的回淤等因素适当增加施工超深量。超深量应随时间推移和实测资料进行修正。

4）挖泥时应根据水位的变化及时调整绞刀、泥斗的下放深度。

5）绞吸挖泥船、链斗挖泥船开挖底层时，应严格掌握挖掘深度和平整度，除因水位变化外横移过程中不应改变挖掘深度。

6）工期较长且有回淤的工程，宜先挖上层和回淤较小的地段，最后开挖底层和回淤严重地段，并根据开挖距交工时间的长短预留不同的备淤深度。

7）码头、护岸和其他水工建筑物前沿挖泥，必须严格按照设计要求施工。

（4）质量监测应符合下列规定：

1）施工过程中，应充分利用当下先进的电子技术实时监测施工状态。同时应进行自测，并做好每班施工地段的自检质量记录。出现偏差时应及时采取改进措施。

2）测量精度应符合现行行业标准 SL 17—2014 的有关规定并及时向挖泥船反馈测量成果。

3）定期对挖泥船的施工质量进行监督、检测。正常施工时斗式挖泥船、绞吸挖泥船宜每前进 3 倍船长检测一次。回淤较大的地区，应增加检测次数。中途停工超过 10d，在停工时和复工前均应对挖槽进行水深测量。工程收尾扫浅阶段应加大检测密度；必要时，应随时检测。

4）吹填施工时应定期对管口吹填高程、沉降和围堰位移量等进行检测。

（5）施工期应定期对管线、吹填区、围堰进行巡视，对装、运、抛泥和溢流情况进行监控。

（6）吹填工程的质量控制应符合下列规定：

1）吹填高程的控制应符合下列规定：

①定期校核控制吹填高程用的临时水准点和标尺；

②控制吹填管口高程并进行吹填区的高程测量，及时延伸排泥管线、调整管口的位置、方向及排水口的高度；

③对平整度要求较高的吹填工程，配备相应机械设备在吹填的同时进行整平并配合管线架设；

④定期进行沉降观测，并根据观测的地基沉降量和固结量，及时调整管口和实际吹填高程。

2）对吹填土料有要求的吹填工程土质控制应符合下列规定：

①选择土质符合设计要求的取土位置，并请具有相关资格的单位对土质进行核对；

②船载吹填土在船舱内取样检验；

③及时延伸排泥管线、调整管口的位置、方向及排水口的高度；

④淤泥地基上进行吹填，为控制淤泥流失和对环境的污染可以采用分层吹填的方法；

⑤条件允许的情况下可以将吹填区划分成若干小区进行吹填，同时要充分利用纳泥区的地形以降低施工成本。

三、进度管理

(1) 应根据工程总进度利用横道图等图式编制年、季、月、周的作业计划，按日、周、月、季、年统计计算实际完成的工程量、工程形象进度、生产率和时间利用率并与计划进行对比；实际进度迟于计划时应及时采取措施，对工程进度进行有效控制。

(2) 挖泥船每日完成的工程量可采用下列数据进行估算：

1) 绞吸和斗式挖泥船开挖的进尺、挖槽宽度、浚前浚后的泥面高程；

2) 挖泥装驳的驳数和每驳装载土方量；

3) 装有产量计的绞吸、吸扬、吸盘等挖泥船，根据产量计的读数计算泵送量；

4) 采用上述方法估算所得工程量，定期与实测水下方进行对比和调整。

(3) 施工期间应每月对疏浚或吹填区域进行一次进度测量，作为计算本月完成的工程量并以此评价工程进度，也可以此作为支付工程进度款的依据。

(4) 按进度测量计算统计月完成工程量时，实际工程量、有效工程量应分别计算和统计。

(5) 施工中应对挖泥船的生产率和时间利用率进行统计、分析，针对出现的问题制定相应措施进行纠偏。

(6) 应根据进度计划和实际进度按月滚动调整施工作

业计划。

四、信息管理

（1）施工现场和挖泥船应加强信息化建设，充分利用计算机和通信技术等现代化技术手段为信息的采集和管理服务。在施工现场宜以项目为基础建立信息采集系统和独立的无线通信调度系统，并满足下列要求：

1）信息采集系统包括施工设备的信息采集和项目部的信息采集系统，推进项目的实时监控；

2）无线通信调度系统利用公用通信系统与各级主管部门、相关单位联网，实现信息实时共享。

（2）施工现场信息采集应准确、及时，应包括下列主要内容：

1）工程及施工信息。包括工程设计及变更、施工合同及变更、工程自然条件、施工设备投入、施工方法工艺及参数、工程组织实施情况等。

2）设备信息。包括投入施工的船舶和其他主要设备及其规格、性能、运转状况、备配件供应、维修保养情况等。

3）市场信息。包括设备租赁、设备维修、工程分包、劳动力、燃物材料供应等方面的能力和价格等。

4）内部管理信息。包括上级企业及现场组织管理机构设置、人员组成及岗位职责、内部管理制度和章程、经营管理情况及工作状况等。

5）公共信息。包括有关法律、法规、规章、标准等。

（3）施工现场信息的归集和处理时限应视对工程的作用或危害程度确定。

（4）施工进度、质量、设备运转、燃料消耗、现场成本等连续生成且与工程关系重大的信息应按日、月、季、年（或工程实施时段）为单位进行汇集处理并上报。

第四章

施工安全与环境保护

第一节 施 工 安 全

一、一般安全措施规定与要求

(1) 疏浚与吹填工程的施工安全应按《水利水电工程施工通用安全技术规程》(SL 398—2007)、《水利水电工程土建施工安全技术规程》(SL 399—2007)、《水利水电工程施工作业人员安全操作规程》(SL 401—2007)及有关规定执行。

(2) 开工前应与相关部门(航道与海事)取得联系,及时提出施工作业许可申请,未取得《水上水下施工作业许可证》不应擅自施工,取得《水上水下施工作业许可证》后应及时办理发布航行通告的相关手续。

(3) 工程项目应设安全管理机构,建立安全生产保证体系,落实安全生产责任制度,开工前施工单位应编制施工用电方案及安全技术措施。

(4) 施工前,应对影响施工安全的水上水下地质条件进行调查,对不良条件应及时联系处理。

(5) 施工前宜先进行扫床,对有爆炸物存在的施工区,挖泥船应采取必要防护措施。对扫床中发现的爆炸物、障碍物、杂物、树根应及时采取措施进行清除或标识。

(6) 对施工作业区存在安全隐患的地方应设置必要的安全防护和警示标志。

(7) 应制定冲洗带油甲板的环保防护措施及发生油污泄漏事故的应急预案。

(8) 安全用电、防火防爆除应符合相关标准外,还应符合下列要求：

1）未经船长、轮机长同意，不应进行电气焊接作业。电焊作业必须遵守有关的动火作业规定。

2）定期对全船电气设备及相关设备进行安全检查。

3）燃料库、配电房、设备仓库等派专人管理。

（9）施工船舶应符合下列安全要求：

1）施工船舶必须具有海事、船检部门核发的各类有效证书。

2）施工船舶应按海事部门确定的安全要求，设置必要的安全作业区或警戒区，并设置符合有关规定的标志，以及在明显处昼夜显示规定的号灯、号型。

3）施工船舶严禁超载作业。

4）施工船舶在汛期施工时，应制定汛期施工和安全度汛措施；在严寒封冻地区施工时，应制定船体及排泥管线防冰冻、防冰凌及防滑等冬季施工安全措施。

5）挖泥船的安全工作条件应根据船舶使用说明书和设备状况确定，在缺乏资料时应按下表的规定执行。当实际工作条件大于表4-1中所列数值之一时，应停止施工。

表4-1　　挖泥船对自然影响的适应情况表

船舶类型		风/级		浪高	纵向流速	雾(雪)
		内河	沿海	/m	/(m/s)	/级
绞吸式	>500m³/h	6	5	0.6	1.6	2
	200～500m³/h	5	4	0.4	1.5	2
	<200m³/h	5	不合适	0.4	1.2	2
链斗式	750m³/h	6	6	1.0	2.5	2
	<750m³/h	5	不合适	0.8	1.8	2
铲斗式	斗容>4m³	6	5	0.6	2.0	2
	斗容≤4m³	6	5	0.6	1.5	2
抓斗式	斗容>4m³	6	5	0.6～1.0	2.0	2
	斗容≤4m³	5	5	0.4～0.8	1.5	2
拖轮拖带泥驳	>294kW	6	5～6	0.8	1.5	3
	≤294kW	6	不合适	0.8	1.3	3

(10) 管理及作业人员应严格遵循下列安全要求：

1) 建立健全安全生产管理体系。

2) 向所有进场施工的作业人员进行全面的安全技术交底，作业人员必须严格执行安全操作技术规程。

3) 定期对管理人员和施工作业人员进行安全生产教育培训。

4) 所有船员必须经过严格培训和认真学习，熟悉各种安全操作规程、船舶设备操作与维护规程；熟悉船舶各类信号的意义并能正确发布各类信号；熟悉并掌握应急部署和应急工器具的使用。

(11) 施工作业应符合下列安全要求：

1) 排泥管线架设、施工设备调遣、挖泥船作业、吹填与疏浚作业、水下爆破作业等安全施工应严格按 SL 399—2007 相关规定执行。

2) 高处、舷外、水上作业安全施工应符合下列要求：

①遇风力 6 级及以上强风时停止高处作业，特殊情况急需时，必须采取安全措施；航行时不准在舷外作业；舷外作业应挂慢车信号，要求过往船只慢速通行。

②高处，舷外、水上作业应有专人指挥、监护且必须佩戴安全帽、安全带、救生衣、保险绳等相应的防护用品，现场应备有救生圈、救生筏(艇)。

③舷外、水上作业时应关闭舷边出水阀。

④检查排泥管时，必须有两人以上同往，严禁在浮管上行走。

3) 在作业区靠近航道一侧和在挖泥区通往抛泥区、锚地的航道上，应设置临时性导航标志；在水道狭窄、航行条件差、船舶转向特别困难的区域施工时，应在转向去增设转向标志；采用地垅锚固定横移缆作业时，应在作业区内设立警示标志；在避风水域内，应设置泊位标志，并在岸上埋设带缆桩或在水上设置系缆浮筒。

4) 值班人员必须经常巡回检查，注意各索缆的受力情况。

(12) 施工中应对排泥管线等装置加强巡视，防止出现泥浆“跑、冒、滴、漏”现象，对周边环境造成污染。

(13) 严禁将各类垃圾和油水混合物直接排入江、河、湖、库中。

二、安全保证体系

建立健全安全保证体系，贯彻国家有关安全生产和劳动保护方面的法律法规，定期召开安全生产会议，研究项目安全生产工作，发现问题及时处理解决。逐级签订安全责任书，使各级明确自己的安全目标．制定好各自的安全规划，达到全员参与安全管理的目的，充分体现“安全生产，人人有责”。按照“安全生产，预防为主”的原则组织施工生产，做到消除事故隐患，实现安全生产的目标。安全保证体系框如图4-1所示。

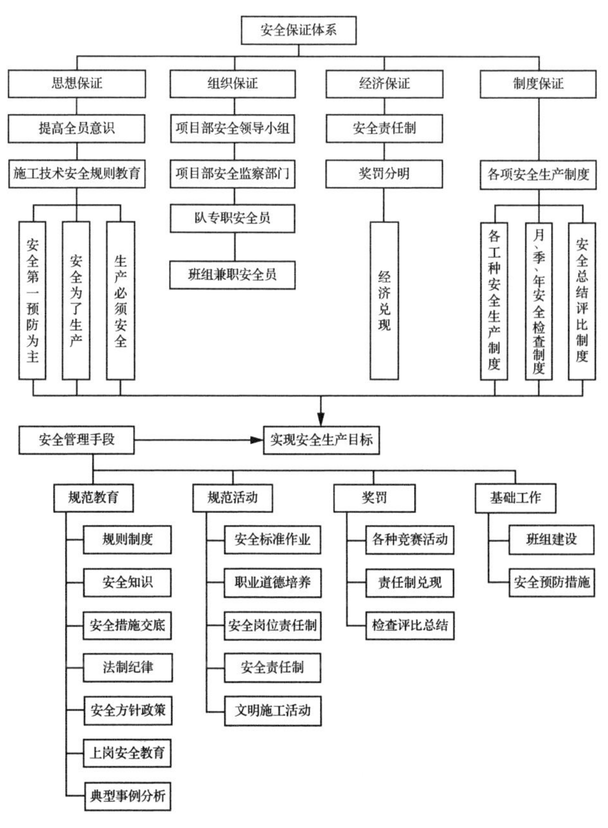

图4-1　安全保证体系图

三、安全管理制度

1. 安全操作规程的编制

严格按照国家及地方有关的安全制度指定项目安全管理规程，成立以项目经理为组长的安全小组，配备专职的水上、陆上安全员，认真编写安全操作规程，做到人手一份。

2. 安全技术交底

由安全工作小组将危险部位、危险工序及由此而编制的安全措施进行详细说明交底，并进行登记。

3. 安全检查

建立以项目经理、专职安全员、施工员、班组长为核心的安全网络，切实加强对职工和民工的安全交底，督促施工人员执行操作规程，定期组织学习和检查。安全工作小组每周进行一次安全检查，各施工队每周进行一次作业面的检查，各施工队的专职安全检查员每天对作业面的作业点进行检查，重点检查安全设施、个人防护、安全用电，发现问题及时整改，重大事故隐患必须立即进行整改。

4. 安全例会

安全工作小组每周召开一次安全例会，分析安全形势，对一些薄弱环节、危险苗头及时指出，并限期改正，对例会内容要进行登记存档。

四、过程安全控制措施

1. 测量工作安全措施

(1) 在海区施工作业时，测量放样时趁低潮进行放样工作；

(2) 保持测量作业通信畅通；

(3) 佩戴必要的安全防护；

(4) 围堰内淤泥较多时，必须随时注意观察，避免发生人身伤亡事故。

2. 充泥管袋施工安全措施

(1) 人工袋体摊铺必须在落潮露滩时进行；

(2) 充填过程中派专人注意观察泥浆的流量、流向和流速，及时调整输送管口的方向，以免袋体受力不均导致变形移位而发生滑袋事故；

(3) 泥浆泵管在施工时要视实际情况转动角度保证袋体的平整；

(4) 棱体在未固结之前可以踩袋，但严禁人员无目标走动。

3. 堤芯土吹填安全措施

(1) 必须控制吹填速度，避免引起堤身塌方现象；

(2) 在吹填时用人工使用毛竹等工具将填芯土搅动，以加速砂土沉淀固结，挤出淤泥，防止棱体侧向滑移；

(3) 施工时，随时注意潮位情况。

4. 挖泥船排泥管安装、拆移安全措施

(1) 水上排泥管的安装、拆移工作安排在低平潮或高平潮时段进行；

(2) 为避免水下潜管被泥砂磨穿，每生产 500 万 m^3 需调整水下潜管受泥砂冲刷的方向；

(3) 在陆上排泥管安拆前，准备充足的圆木及绳索；

(4) 排泥管先在码头处连接，尽量减少水上安装作业。

5. 龙口合拢安全措施

(1) 施工人员穿下水衣裤，挑选身材较高的工人并配好救生设备，所有人员一律穿戴救生衣，以防止溺水事件；

(2) 发电机、挖泥船以及连接线路要进行检查，严防漏电、触电；

(3) 夜间施工做好照明工作；

(4) 做好联络指挥工作，发现问题及时解决；

(5) 在沙袋外棱体内外侧每隔 15m 打一根钢管桩，打入深度达 3m 以上，桩与桩之间用角钢相连，形成一个整体。在充泥管袋横向上缝进尼龙绳，在铺设时一端系在钢管桩上，一端由人工拉牢，这样既保证安全，又保证充泥管袋定位准确。

6. 供电与电气设备安全措施

(1) 施工现场用电设备定期进行检查，防雷保护、接地保护、变压器等每季度测定一次绝缘强度，移动式电动机，潮湿环境下电气设备使用前检查绝缘电阻，对不合格的线路设备要及时维修或更换，严禁带故障运行；

(2) 线路检修、搬迁电气设备(包括电缆和设备)时，切断电源，并悬挂警告牌；

(3) 非专职电气值班员不得操作电气设备；

(4) 操作高压电气设备回路时，必须戴绝缘手套，穿电工绝缘靴并站在绝缘板上。

第二节 环 境 保 护

一、概述

疏浚施工简单而言就是应用水力或机械的方法，挖掘水下的土石方并进行输移处理的工程施工。疏浚工程施工对人类社会进步、环境改善及经济发展的作用非常重大；同时它利用机械在挖泥、输送过程中对环境及周围水体又造成一定程度的不良影响：

(1) 疏浚施工机械(主要是绞刀)对泥沙污染底泥和周围水体的搅动，使其在水体扩散，尤其悬浮物扩散造成环境污染；

(2) 管道输送过程中的泄漏对水体造成二次污染；

(3) 疏浚施工的污染底泥和其他污染物对其他水系及环境的再污染；

(4) 疏浚工程施工将会破坏原有的水生生态系统；

(5) 现代疏浚与吹填施工主要机械设备——挖泥船是以柴油机为动力的工程船舶又不可避免造成：

1) 大气污染。施工船舶将排放一定的大气污染物，主要是柴油机所排放的 NO_x、SO_x、CO_x、CH 等污染物气体。

2) 噪声污染。挖泥船施工时高速运转的柴油机和机械噪声污染。

3) 固体废物的污染施工船舶的垃圾及以及施工人员的生活垃圾等固体废弃物。

4) 施工船舶含油污水和船舶垃圾排放。

二、相关法规

疏浚工程环境保护相关法律法规见表 4-2。

表 4-2　　疏浚工程环境保护相关法律法规

序号	法律层次	法律、法规、标准及要求名称	实施日期
1	法律	《中华人民共和国环境保护法》	2015-01-01
2		《中华人民共和国水污染防治法》	2008-06-01
3		《中华人民共和国环境噪声污染防治法》	1997-03-01
4		《中华人民共和国大气污染防治法》	2000-09-01
5		《中华人民共和国固体废物污染环境防治法》	2013-06-29
6		《中华人民共和国环境影响评价法》	2003-09-01
7	行政法规	《城镇排水与污水处理条例》	2014-01-01
8		《建设项目环境保护管理条例》	1998-11-29
9		《全国污染源普查条例》	2007-10-09
10		《排污费征收使用管理条例》	2003-07-01
11		《企业事业单位环境信息公开办法》	2015-01-01
12		《环境保护主管部门实施查封、扣押办法》	2015-01-01
13		《企业事业单位突发环境事件应急预案备案管理办法(试行)》	2015-01-08
14		《突发环境事件调查处理办法》	2015-03-01
15		《污水处理费征收使用管理办法》	2015-03-01
16		《排污费征收标准管理办法》	2003-07-01
17		《环境标准管理办法》	1999-04-01
18		《环境保护法规解释管理办法》	1998-12-08
19		《环境行政处罚办法》	2010-03-01
20		《建设项目竣工环境保护验收管理办法》	2002-02-01
21		《工作场所安全使用化学品规定》	1997-01-01
22		《污水综合排放标准》(GB 8978—1996)	1998-01-01
23		《锅炉大气污染物排放物标准》(GB 13271—2014)	2014-07-01
24		《大气污染物综合排放标准》(DB 11/501—2007)	2008-01-01

三、工程施工的环保措施

1. 加强管理、提高环境保护意识

加强管理(特别是施工现场的管理)、加快进度的同时提高全体施工人员环境保护意识。环境保护贯穿疏浚施工全过程。

2. 施工期水环境保护措施

(1) 加大投入、采用新工艺新设备;改造挖泥机具,采用环保绞刀,以减少搅动,增加疏浚底泥的浓度,防止污染底泥在水体扩散,以避免处于悬浮状态的污染物对周围水体造成污染。

(2) 加装GPS系统、视频及超声波系统;以便对开挖过程进行监控,提高疏挖精度,尽可能清除污染物。

(3) 加强对输排系统进行维护、改造,减少输排过程中的泄漏,并要设计好与污染底泥处理设备或工程的衔接,避免疏挖出的污染底泥对环境造成二次污染。

(4) 施工船舶含油污水和船舶垃圾不得排放入水,由有资质的含油污水接收处理船和水上垃圾处理船接收处理,并做好相关记录,相关的接收资料存档备案。

3. 施工期大气环境保护措施

(1) 选购排放污染物少的环保型高效柴油机做施工船动力;

(2) 加强设备维护保养保证设备处于最佳状态;

(3) 使用合格的燃料油,减少尾气中污染物的排放量。

4. 施工期声环境保护措施

(1) 高噪声设备安装消声器,操作人员应做好噪声的个人防护措施;

(2) 改进施工工艺和方法,防止产生高噪声、高振动;

(3) 加强机械、车辆和设备的保养维修,保持正常运行、正常运转,降低噪声。

5. 生态环境保护措施

(1) 施工过程中尽量减少对当地陆生生态环境破坏,工程临时用地在施工结束后临时用地应及时平整、植草绿化;

(2) 疏浚和挖泥施工过程中采取控制溢流等手段减少对水体的扰动和悬浮物的发生量,从而减轻对水生生物的影响。

6. 固体废物处置方案

(1) 船舶垃圾。船舶垃圾集中收集,按船舶污染物处置的要求进行处理。

(2) 陆域垃圾。生产垃圾进行回收利用。

第五章

施工质量控制、评定与验收

第一节　疏浚施工质量控制

一、疏浚工程质量控制标准

疏浚工程施工质量应按设计要求进行控制，设计未做规定的应按规范要求执行。

1. 横断面

（1）断面中心线偏移不得大于1.0m；

（2）断面开挖宽度和深度应符合设计要求，断面每边允许超宽值和测点允许超深值应符合表5-1的规定；

（3）水下断面边坡按台阶形开挖时，超欠比应控制在1～1.5；

（4）疏浚工程原则上不允许欠挖，局部欠挖如超出下列规定时，应进行返工处理：①欠挖厚度小于设计水深的5%，且不大于30cm；②横向浅埂长度小于设计底宽的5%，且不大于2m；③浅埂长度小于2.5m；④单处超挖面积不大于$50m^2$。

2. 纵断面

（1）纵断面测点间距不应大于100m；

（2）纵断面各测点连线形成的坡降应与水流方向一致；

（3）纵断面上不得有连续两个欠挖点，且欠挖值不得大于30cm；

（4）纵断面上各测点超深值应符合表5-1的规定。

二、疏浚工程质量检测方法

对于宽阔水域（如水库、湖泊、沿海港池）开挖、清淤工程的质量控制一般根据工程施工合同要求分为断面法和平均水深法进行质量控制。断面法质量控制可根据开挖分条按照纵横断面质量控制标准进行控制，平均水深法一般采用测深仪按一定点距和行距进行检测控制。平均水深法各检测点的质量标准应符合表 5-1 的要求。

表 5-1　　　计算及最大允许超宽、超深

类别		计算及最大允许超宽(每边)/m	计算超深/m	最大允许超深/m
绞吸式	绞刀直径<1.5m	0.5	0.3	0.4
	绞刀直径 1.5～2.0m	1.0	0.3	0.5
	绞刀直径>2.0m	1.5	0.4	0.5
斗轮式	斗轮直径<1.5m	0.3	0.2	0.3
	斗轮直径 1.5～2.4m	0.5	0.2	0.3
	斗轮直径>2.4m	1.0	0.3	0.4
链斗式	斗容≤0.5m^3	1.0	0.2	0.3
	斗容>0.5m^3	1.5	0.3	0.4
抓斗式	斗容<2m^3	0.5	0.3	0.4
	斗容 2～4m^3	1.0	0.4	0.6
	斗容>4m^3	1.5	0.5	0.8
铲斗式	斗容≤2.0m^3	1.0	0.3	0.4
	斗容>2.0m^3	1.5	0.3	0.5
水力冲挖机组		0.3	0.05	0.1
环保疏浚		2.0	0.1	0.2

三、疏浚工程质量控制方法

疏浚工程施工质量按控制目标可划分为中心线控制、挖宽控制、挖深控制和边坡控制等四个方面。

1. 中心线的控制

中心线控制方法见表 5-2。

表 5-2　　中心线控制方法

<table>
<tr><th>控制项目</th><th>控制方法</th><th>方法要点</th><th>适用范围</th></tr>
<tr><td rowspan="3">设立中心导标</td><td rowspan="2">设立标杆</td><td rowspan="2">(1) 中心导标必须连续设置，且不少于 3 个；
(2) 前后两标志之间距离一般在1～2倍的船长；
(3) 岸上标志顶部应有 1.5 m 以上高差；
(4) 标杆顶部应悬挂鲜艳颜色的小旗帜，夜间施工时标志上应安装灯光显示装置，旗帜与灯光颜色应与相邻组标志有明显区别</td><td>岸标：中小河流、湖泊、河道开挖中心线离岸小于 100m</td></tr>
<tr><td>水上标杆：水深小于 2.5m</td></tr>
<tr><td>设立浮标</td><td>(1) 中心导标必须连续设置，且不少于 3 个；
(2) 前后两标志之间距离一般在 1～2 倍的船长</td><td>水域宽阔，开挖中心线离岸大于 100m，且水深不大于 10m</td></tr>
<tr><td rowspan="2">船舶定位</td><td>导标指示法</td><td>(1) 根据已设定的中心线与开挖起始标初步定位；
(2) 以测量仪器测定船位并精确定位</td><td>能见度较好时</td></tr>
<tr><td>DGPS 定位法</td><td>以 DGPS 测量定位</td><td>(1) 沿海地区和宽阔水域；
(2) 环保疏浚工程</td></tr>
<tr><td rowspan="3">船位校正</td><td>导标对中法</td><td>日常生产时班组作业人员应定时(一般早、晚各一次)对标</td><td>能见度较好时</td></tr>
<tr><td>测量仪器校正法</td><td>用测量仪器定期或不定期校正船位</td><td>能见度较好时</td></tr>
<tr><td>DGPS 校正法</td><td>以 DGPS 测量校对</td><td>通用</td></tr>
</table>

2. 挖宽控制

挖泥船的挖宽控制的途径可分三类：

(1) 罗经仪控制法；

(2) 标志控制法；

(3) GPS控制法。

3. 挖深控制

挖深控制要点见表5-3。

表5-3 挖深控制要点

控制方法	方法要点
设立水尺及水位通报站	(1) 水尺可采用木质或钢质材料制作； (2) 水尺应设置在临近施工区，便于观测、水流平稳、波浪影响小和不易被破坏的位置，必要时应加设保护桩与避浪设施； (3) 水尺零点拟与开挖底高程一致； (4) 水尺读数应准确、清晰，读数视角不大于45°； (5) 水面横向比降大于1/1000时，须在施工河段两侧分别设立，施工点水位与测量点水位应按水尺读数进行内插； (6) 当现场水尺设立有困难时可设立水位通报站，水位通报站与施工区瞬时水位应一致，否则进行校正，对于沿海受潮汐影响地区的水位通报，还应考虑涨落潮的影响
挖深指示仪校正	挖泥船的挖深指示仪类型较多，常用的有机械式、电磁感应式、压力感应式等几种。各种仪器经过一段时间的使用都会因磨损、老化而出现一定程度的误差，因此开工前应对挖泥船的挖深指示仪进行校正，防止因指示仪的误差造成施工质量出现偏差
正确控制开挖机具的升降	挖泥船操作人员应熟悉并及时掌握施工区水位(包括潮汐)变化情况，并根据水面纵横比降、波浪及船位情况对水位读数进行修正，严格按水位变化适时调整挖泥机具下放深度，并按照“坚决不欠，尽量少超”的原则进行挖深控制
开挖深度检测	由于疏浚工程是机械水下作业，各种原因造成的浅挖、漏挖和回淤难以直接观察到，在施工过程中应及时进行检测，以防大面积返工。一般每一昼夜检测一次，并加以记录，一旦发现浅挖、漏挖现象，立即退船处理，确保工程质量

4. 边坡控制

边坡控制要点见表5-4。

表5-4 边坡控制要点

控制方法	方法要点	适用范围
矩形单层开挖法	(1) 严格按开挖边线标志或罗径角度进行横向控制； (2) 严格按水位控制挖泥机具下放深度	(1) 上层较薄； (2) 边坡开挖质量要求一般
台阶形多层开挖法	(1) 严格按开挖边线标志或罗径角度进行横向控制； (2) 严格按水位控制挖泥机具下放深度； (3) 分层厚度应控制在1.0m以内； (4) 超欠比以1.5为宜	(1) 土层厚小于一次可切泥厚度； (2) 边坡开挖质量要求较高
理坡法	对于配有断面剖面监视仪的挖泥船，可在充分考虑各种影响因数基础上准确设定开挖剖面线，并认真按剖面轨迹开挖，一次形成设计边坡；对于无剖面监视仪的挖泥船可采用以下方法进行控制：①沿设计边坡底部边线设立起坡标志杆，标杆间距不宜过大；②在充分考虑水流、风浪等影响因数的情况下认真计算出船舶横摆速度和开挖机具提升速度的关系；③当挖泥船横摆到起坡标志杆时，按照横摆速度和开挖机具提升速度的关系边横摆边提升开挖机具，按设计要求形成边坡	边坡开挖质量要求较高的工程

第二节 吹填工程质量控制

一、吹填区施工质量控制标准和要求

(1) 吹填区表面(除出水口前外)不应有面积大于100m²、深度大于1m的积水坑。

(2) 吹填区平整度应符合表5-5的规定。

(3) 吹填区平均高程应符合表5-6的规定。

表 5-5　　吹填土表面平整度允许偏差

吹填土特性			平整度允许偏差	
土类	D_{50}/mm	吹填状态	绝对高差/m	正负高差/m
淤泥质土	<0.005	流/软塑	0.5	−0.2～+0.3
粉质黏土	0.01～0.05	软塑土团	1.0	−0.4～+0.6
中(硬)塑黏土	0.005～0.01	硬塑土团	2.0	−0.8～+1.2
粉细砂	0.05～0.2	松散	0.6	−0.2～+0.4
中砂	0.2～0.5	松散	0.8	−0.3～+0.5
粗砂	0.5～2.0	松散	1.0	−0.4～+0.6

注：1. 正负高差以设计吹填高程为基准面，欠填为负，超填为正；

2. 本表适用于吹填土层大于 1m 的工程项目。

表 5-6　　吹填区平均高程允许误差

设计要求	不允许欠填/m	允许正负误差/m
允许误差(按绝对高度)	≤0.2	−0.1～+0.3

二、吹填工程质量控制方法

吹填工程质量控制包括吹填总量控制、吹填高程控制、吹填区平整度控制、吹填土流失量控制等内容。

1. 吹填总量控制

按取土总量控制吹填总量。控制时应对取土区土质与吹填区的流失量进行分析，取土总量可按式(5-1)计算：

$$V'_{w} = (h_{p} + h_{J})A_{P}/(1 - P_{L}) \qquad (5\text{-}1)$$

式中：V'_{w}——建设性吹填工程设计取土量，m^3；

h_{p}——设计吹填高度，m；

h_{J}——吹填区地基平均沉降量，m^3，参考已建同类工程的经验数据确定；

A_{P}——吹填区水平投影面积，m^2；

P_{L}——吹填土流失率，与吹填土粒径、吹填区形状和大小、泄水口位置与高度、吹填设备的性能与数量等因素有关，一般而言，吹填土粒径越小，流失率也就越高；吹填区面积越小、越狭窄、越浅、泄水口越低、吹填设备泥泵功率越大，流失率相应也就越高，故宜采取实地取样分析的方法求得，取样方法可参照《疏浚与吹填工程技术规范》进行。

2. 吹填高程控制

(1) 施工前在吹填区外适当位置设立不少于两个永久性高程控制桩并妥善保护、定期校核。

(2) 吹填区内应设置沉降杆，以观测吹填区地基沉降量。

(3) 施工前应在吹填区内及四周围堰上设立吹填高程控制标志，数量可根据吹填土的吹填特性、吹填区形状、吹填区面积、平整度要求及设备性能等因素确定，一般可按 50～100m 间距布设，吹填区内可用沉降杆代替。

(4) 施工中应考虑吹填土固结与地基沉降等因素，施工控制高程可按下式计算：

$$H_S = H_P + h_g + h_J \quad (5\text{-}2)$$

式中：H_S——施工控制高程，m；

H_P——设计吹填高程，m；

h_g——施工期内为抵消吹填土固结而增加的填土高度，m，计算时应考虑吹填土特性、厚度、固结时间、排水条件等因素，一般采用试验方式确定；

h_J——施工期内为抵消地基沉降而增加的填土高度亦即地基沉降深度，m，施工初期可通过试验或参考条件较接近的同类工程确定，当取得可靠的地基沉降观测数据后，应进行修正。

(5) 吹填高程应按所设标志进行控制，并随时对排泥管口的堆土高度和坡度进行测量，当堆土面达到预定吹填标高时应及时变动排泥管线。施工后期的测量密度应加大。

3. 吹填区平整度控制

(1) 应根据吹填区几何形状合理布设排泥管线路，保证吹填区内不留有死角。

(2) 排泥管出口前移距离及管线间距离应根据吹填设备性能、吹填土落淤特性等进行控制。施工过程中应随时对吹填土的实际落淤坡度进行检测，并及时调整排泥管的延伸距离和分布间隔。管线分布间隔对粉质土、粉细砂一般控制在100～150m，黏土、中粗砂宜控制在30～60m，也可按下式计算：

$$L_1 \leqslant h_a (m_L + m_R) \quad (5\text{-}3)$$

式中：L_1——两相邻排泥管线间距离，m；

h_a——设计允许平整度绝对高差值，m；

m_L、m_R——分别为实测排泥管口左、右方吹填土平均坡度系数值。

(3) 出泥管口应离开沉降杆不小于10m距离，以防止水流对沉降杆地基造成冲刷，影响测量准确性或将沉降杆埋没。

(4) 平整度要求较高的吹填工程，宜采用方格网法进行控制，方格网的边长可与排泥管干、支线布置间距相一致。

(5) 对粗砂、砾砂、高液限黏土等易在排泥管口堆积的吹填土，必要时应考虑配备陆上土方机械随时平整，以保证平整度的要求，并减少接管次数。

(6) 平整度控制应与高程控制相结合，两项控制指标应同时满足。

4. 吹填土流失量控制

(1) 施工期间应分阶段定期在泄水口取样，检测分析并计算各阶段泄水含泥浓度及土方流失量，采样应有代表性。

(2) 施工期间应加强对施工现场的巡视与检查，随时掌握土方流失和排水系统的运行情况，发现问题应及时联系并采取有效措施进行处理。

(3) 围堰沿线应备足土源、草袋或编织袋，当围堰以及泄水口受冲刷时应及时进行修复。对易受冲刷的粉质土与砂质土围堰除采取常规的抛填土袋、铺塑料膜或土工布的方法外，也可在吹填区内用土袋修筑挑流坝，以改变泥浆流向，减弱对围堰的冲刷。

(4) 泄水口溢流堰顶的高度应根据吹填进度与泥浆流

失情况逐步加高，以增加泥浆的沉淀时间，减少流失。

第三节 验收的一般规定与项目划分

本节内容适用于基建性疏浚工程和一次维护性疏浚工程等质量检验和评定。

一、一般规定

(1) 疏浚与吹填工程的测量应按《水利水电工程施工测量规范》(SL 52)及有关标准的规定执行。

(2) 疏浚与吹填工程验收除按《水利水电建设工程验收规程》(SL 233)的相关要求执行外，还应符合本专业的特点。

(3) 疏浚工程可不设缺陷责任期。检验测量工作应随着工程进展及时跟进。

(4) 疏浚工程结合吹填时，应按疏浚工程质量标准进行验收。

二、项目划分

(1) 单位工程项目宜按单个合同工程划分。当合同工程金额较小时，可将若干个合同工程合并划分为一个单位工程。当合同工程涉及不同地域时，可按不同地域分别划分单位工程。

(2) 分部工程项目宜按面积或长度进行划分，当合同工程金额较小时可将一个合同工程划分为一个分部工程。附属工程视情况划分为若干分部工程，可参照堤防或其他工程项目划分原则进行项目划分。

(3) 单元工程项目划分应符合下列规定：

1) 疏浚工程宜以200～500m河段划分为一个单元工程；临近堤防工程或设计地下通信、管道安全等部位应划分为关键单元工程。

2) 吹填工程吹填区面积小于或等于5000m^{2}时，宜以每个吹填区划分为一个单元工程，吹填区面积大于5000m^{2}时，单元工程划分宜符合表5-7的规定。

表 5-7 吹填区单元工程划分

项目		单元工程面积/m²
吹填厚度	<2m	10000
	≥2m	5000

第四节 疏浚工程施工质量检验评定

(1) 疏浚工程施工质量检验评定应遵循下列基本规定:

1) 质量检验与评定应参照《水利水电工程施工质量检测与评定规程》(SL 176)及《水利水电单元工程施工质量验收评定标准 土石方工程》(SL 631)的规定执行。

2) 疏浚工程质量检验和评定应以工程设计图和竣工水下地形图为依据。对局部补挖后补绘的竣工水深图,其补绘部分不应超过图幅中测区总面积的25%,超过时应对该图幅中测区进行重测,并重新绘图。

(2) 疏浚工程应按下列规定进行施工:

1) 断面中心线偏移不应大于1.0m;

2) 应以横断面为主进行检验测量,必要时刻进行纵断面测量。横断面测量间距应与原始地形测量相一致,纵断面测量间距视河道宽度及工程重要性确定,可取横断面间距的1~2倍。纵、横断面边坡处测点间距宜为2~5m,槽底范围内宜为5~10m。横断面测量范围应符合SL 17—2014第2.2.5条的有关规定。监理单位复核检验测量点数:平行检测不应少于施工单位检测点数5%;跟踪检测不应少于施工单位检测点数10%。

3) 断面开挖宽度和深度应符合设计要求,断面每边允许超宽值和测点允许超深值应符合表5-8的规定。

4) 水下断面边坡按台阶形开挖时,超欠比应控制在1.0~1.5。

(3) 局部欠挖如超出下列规定时,应进行返工处理:

1) 欠挖厚度小于设计水深的5%,且不大于0.3m。

2）横向浅埂长度小于设计底宽的5%，且不大于2.0m。

3）纵向浅埂长度小于2.5m。

4）一处超挖面积不大于5.0m²。

（4）对冲刷或回淤比较严重，难以满足上述控制指标的疏浚工程，应根据具体情况按合同规定的质量标准执行。

（5）疏浚土在疏挖和运送过程中不应对河道造成回淤，不应发生泄漏，不应对周围环境造成污染。

（6）疏浚土输送位置、施工顺序、施工质量应符合设计要求。

（7）辅助工程的质量检验应参照《水利水电工程质量检验标准的规定执行》。

（8）单元工程质量评定分为合格和优良两个等级，其标准应符合下列规定：

1）单元工程施工质量符合规定的为合格点，有90%以上的测点合格的为合格断面，有95%以上测点合格为优良断面。

2）主控项目断面合格率100%或测点合格率90%以上，一般项目基本满足设计要求、检测点合格达到70%以上为合格；主控项目断面合格率100%或检测点合格率95%以上、断面优良率在70%以上，一般项目基本满足设计要求、检测点达到70%以上的为优良。疏浚工程施工质量评定见表5-8。

3）单元工程施工质量达不到合格标准时，必须及时进行处理，返工后可重新评定质量等级。

4）单元工程施工质量评定应按照SL 17—2014附录D所列表格格式填写。

（9）分部工程施工质量评定分为合格和优良两个等级，其标准应符合下列规定：

1）合格：单元工程施工质量全部合格。

2）优良：单元工程施工质量全部合格，70%以上的单元工程达到优良，施工中未发生质量事故。

表 5-8　　　　　　　　疏浚工程施工质量标准

工序	项次		检查项目		质量要求	检验方法	检验数量
疏浚	主要项目	1	挖槽中心线偏差		±1.0m	测量	逐断面
		2	允许欠挖	欠挖深度	<设计水深的5%；<0.3m	测量	逐断面
		3		横向浅埂长度	<设计底宽的5%；<2.0m	测量	逐断面
		4		纵向浅埂长度	<2.5m	测量	逐断面
		5		一处欠挖面积	$<5.0m^2$	测量	逐断面
		6	允许超深		符合本标准要求	测量	逐断面
		7	挖槽每边允许超宽		符合本标准要求	测量	逐断面
	一般项目	1	排泥场使用情况		设计要求的使用顺序和排放质量	现场查看	逐场
		2	疏浚土运送过程		(1) 未发生泄漏；(2) 未对航道造成回淤；(3) 未对周围环境造成污染	现场查看、测量	全面检查
		3	泥浆流失		(1) 设计允许流失率；(2) 未对周围环境与建筑物造成影响	检测出口泥浆浓度、现场查看	全面检查

(10) 单位工程施工质量评定分为合格和优良两个等级，其标准应符合下列规定：

1) 合格:分部工程施工质量全部合格；

2) 优良:分部工程施工质量全部合格,70%以上的分部工程达到优良,主要分部工程施工质量优良,施工中未发生较大质量事故。质量检验记录资料齐全。

第五节　吹填工程施工质量检验评定

一、吹填工程施工质量检验评定

(1) 施工质量检验与评定应参照 SL 176 及 SL 631 的规定执行。

(2) 对有特殊要求的吹填工程，应按工程设计文件和工程合同总规定的要求进行施工质量检验评定。

(3) 吹填工程施工质量检验评定的依据应包括工程设计阶段、施工阶段及完工阶段的有关图纸、资料。

二、吹填工程施工

(1) 吹填区表面（除泄水口前外）不应有面积大于 $100m^2$、深度大于 1m 的积水坑。

(2) 吹填区表面平整度（测点）应符合表 5-9 的规定。监理单位复核检验测量点数：平行检测不应少于施工单位检测点数 5%；跟踪检测不应少于施工单位检测点数 10%。

表 5-9　　吹填土表面平整度（测点）允许偏差

吹填土特性			测点允许偏差
土类	D_{50}/mm	吹填状态	正负高差/m
淤泥质	<0.005	流/软塑	−0.2～+0.3
粉质黏土	0.01～0.05	软塑土团	−0.4～+0.6
中（硬）塑黏土	0.005～0.01	硬塑土团	−0.8～+1.2
粉细砂	0.05～0.2	松散	−0.2～+0.4
中砂	0.2～0.5	松散	−0.3～+0.5
粗砂	0.5～2.0	松散	−0.4～+0.6

注：1. 正负高差以设计吹填高程为基准面，吹填为负，超填为正；
2. 本表适用于吹填土层大于 1m 的工程项目。

(3) 吹填区施工质量检验测量平均高程与设计高程差应控制在−0.1～+0.3m 之内。

(4) 检验测量方法应符合表 5-10 的规定。

表 5-10　　　　单元工程检验测量

项目	每一单元工程检测数	备注
断面法检测	不少于 5 个独立断面	检查断面间距 20～35m
平均高程法检测	不少于 200 个测点	测点间距 5～10m

(5) 对吹填土层较薄(小于 1m)、吹填区狭窄及有横向坡降要求，难以满足表 5-5、表 5-6 的规定的特殊吹填工程，其吹填高程与平整度应根据具体情况按合同规定的标准执行。

(6) 对吹填土颗粒级配等有特殊要求的工程，应满足合同规定的有关土质质量的要求。

(7) 吹填土泥浆流失率不应超过设计允许标准，且流失的泥浆不应对周围环境和原有的水利设施等造成不利影响。

(8) 取土的边界、深度应符合设计要求。

(9) 辅助工程的质量检验应参照水力水电工程现行相关标准的规定执行。

(10) 吹填工程施工质量应符合表 5-11 的规定。

表 5-11　　　　吹填工程施工质量标准

<table>
<tr><th>工序</th><th colspan="2">项次</th><th>检验项目</th><th>质量要求</th><th>检验方法</th><th>检验数量</th></tr>
<tr><td rowspan="5">吹填</td><td rowspan="3">主控项目</td><td>1</td><td>吹填高程</td><td>符合验收标准要求</td><td>测量</td><td>验收标准数量</td></tr>
<tr><td>2</td><td>吹填平整度</td><td>符合验收标准要求</td><td>测量</td><td>验收标准数量</td></tr>
<tr><td>3</td><td>吹填土质</td><td>符合验收标准要求</td><td>现场查看、抽查</td><td>随机抽样、全面检查</td></tr>
<tr><td rowspan="2">一般项目</td><td>1</td><td>泥浆流失</td><td>(1) 流失率符合设计要求；
(2) 未对周围环境与建筑物造成影响</td><td>检测出口泥浆浓度、现场查看</td><td>全面检查</td></tr>
<tr><td>2</td><td>泥沙颗粒分布</td><td>泥沙沿程沉积均匀、无显著差异</td><td>现场查看</td><td>全面检查</td></tr>
</table>

(11) 单元工程评定分为合格和优良两个等级，其标准应符合下列规定：

1) 平整度(测点)符合表 5-10 规定的为合格点；

2）主控项目合格率在90%以上，一般项目基本符合设计要求为合格；主控项目合格率在95%以上，一般项目基本符合设计要求为优良；

3）单元工程施工质量达不到合格标准时，必须及时进行处理，返工后可重新评定评定质量等级；

4）单元工程施工质量评定按照SL 17—2014附录D所列表格格式填写。

（12）分部工程施工质量评定分为合格和优良两个等级，其标准应符合下列规定：

1）合格：单元工程施工质量全部合格。

2）优良：单元工程施工质量全部合格，70%以上的单元工程达到优良，施工中未发生质量事故。

（13）单位工程施工质量评定分为合格和优良两个等级，其标准应符合下列规定：

1）合格：分部工程施工质量全部合格。

2）优良：分部工程施工质量全部合格，70%以上的分部工程达到优良，主要分部工程施工质量优良，施工中未发生质量事故。质量检验记录资料齐全。

第六节　工程验收及验收资料

一、一般规定

（1）工程验收组织应按照《水利水电建设工程验收规程》（SL 223—2008）的要求执行，验收的内容应符合相关规定。

（2）单元工程完工测量由施工单位完成，并对所测的资料逐项检查，发现质量不合格应及时进性补挖或补填，并进行补充测量，测量成果应报监理单位审查复核，14日内完成单元工程施工质量评定。合格的单元工程完工测量成果汇总后报项目法人单位认定并可作为工程竣工验收依据。

（3）必要时，项目法人单位或工程验收主持单位，可委托有资质的第三方检测单位，在工程完工后7日内对完工工程进行抽样检测，检测结果合格可作为工程竣工验收依据。

（4）工程完工后，项目法人应提出验收申请，验收主持单位应在工程完工14日内及时组织验收。工程完工验收后，项目法人应与施工单位在30个工作日内专人负责工程的交接工作，交接过程应有完整的文字记录，双方交接负责人签字。

二、基本要求

（1）工程验收提供的资料应满足SL 223—2008附录A的要求。

（2）工程验收应准备的备查资料应满足SL 223—2008附录B的要求，至少应包括下列资料：

1）工程设计资料（设计图纸文件及有关技术资料、设计变更记录）；

2）原始地形、断面测量记录及相关控制桩、高程桩记录；

3）工程质量评定资料；

4）吹填区地基沉降观测记录；

5）中间（阶段）验收记录；

6）最终工程量计算表；

7）重大技术问题处理记录；

8）其他资料。

（3）所有资料应真实、准确、齐全、整洁，不得涂改、造假。

（4）工程验收资料应符合相关档案验收的规定。

参 考 文 献

[1] 陈立新,杨孚平,谢永涛.港航疏浚工程施工技术[M].北京:科学出版社,2010.

[2] 金相灿,李进军,张晴波.湖泊河流环保疏浚工程技术指南[M].北京:科学出版社,2013.

[3] 全国水利水电施工技术信息网组编.水利水电工程施工手册[M].北京:中国电力出版社,2002.

[4] 布雷 R N.疏浚工程手册.上海航道局设计研究所情报室,译[M].上海:交通部上海航道局,1994.

内容提要

本书是《水利水电工程施工实用手册》丛书之《疏浚与吹填工程施工》分册，以国家现行建设工程标准、规范、规程为依据，结合编者多年工程实践经验编纂而成，全书共5章，内容包括：概述、施工准备、工程施工、施工安全与环境保护、施工质量控制、评定与验收。

本书适合水利水电施工一线工程技术人员、操作人员使用。可作为水利水电土石坝工程施工作业人员的培训教材，亦可作为大专院校相关专业师生的参考资料。

《水利水电工程施工实用手册》

工程识图与施工测量
建筑材料与检测
地基与基础处理工程施工
灌浆工程施工
混凝土防渗墙工程施工
土石方开挖工程施工
砌体工程施工
土石坝工程施工
混凝土面板堆石坝工程施工
堤防工程施工
疏浚与吹填工程施工
钢筋工程施工
模板工程施工
混凝土工程施工
金属结构制造与安装(上册)
金属结构制造与安装(下册)
机电设备安装